西安市科技局科普专项支持（项目编号：24KPZT0020）

 **珍稀濒危植物图鉴**

Illustrated Handbook of Rare and Endangered
Plants in Qinling Mountains, China

主　编：刘文哲（西北大学生命科学学院）

　　　　周亚福（陕西省西安植物园 / 陕西省植物研究所）

副主编：寻路路（陕西省西安植物园 / 陕西省植物研究所）

　　　　周晓君（洛阳师范学院生命科学学院）

中国出版集团有限公司

世界图书出版公司
西安　北京　上海　广州

图书在版编目（CIP）数据

中国秦岭珍稀濒危植物图鉴 / 刘文哲，周亚福主编.

西安：世界图书出版西安有限公司，2024. 8. -- ISBN

978-7-5232-1178-6

Ⅰ . Q948.524.1-64

中国国家版本馆 CIP 数据核字第 2024GW0010 号

中国秦岭珍稀濒危植物图鉴

ZHONGGUO QINLING ZHENXI BINWEI ZHIWU TUJIAN

主　　编	刘文哲　周亚福
副 主 编	寻路路　周晓君
策划编辑	王　冰
责任编辑	王　冰　郭　茹　邓碧琳
封面设计	诗风文化
出版发行	世界图书出版西安有限公司
地　　址	西安市雁塔区曲江新区汇新路 355 号
邮　　编	710061
电　　话	029-87214941　029-87233647（市场营销部）
	029-87234767（总编室）
网　　址	http://www.wpcxa.com
邮　　箱	xast@wpcxa.com
经　　销	全国各地新华书店
印　　刷	陕西龙山海天艺术印务有限公司
开　　本	787mm×1092mm　1/16
印　　张	23.75
字　　数	420 千字
版次印次	2024 年 8 月第 1 版　2024 年 8 月第 1 次印刷
国际书号	ISBN 978-7-5232-1178-6
定　　价	258.00 元

《中国秦岭珍稀濒危植物图鉴》
编委会

作者简介

　　刘文哲，男，教授，博士。1986年毕业于上海师范大学生物学专业，1992年获西北大学植物学专业硕士学位，1997年获植物学专业博士学位。2001年至2002年在德国波恩大学药物生物学研究所进行博士后研究工作。现任西北大学生命科学学院教授、博士生导师。目前主要从事植物学和药用植物学的教学和科研工作。中国植物学会植物结构与生殖生物学专业委员会委员、陕西省植物学会常务理事、陕西省科技特派员、陕西省林木和草品种审定委员会副主任委员，陕西省高等学校教学指导委员会委员、生物科学国家级一流本科专业负责人、植物学国家级一流课程负责人。获省部级科学技术进步一等奖1项、二等奖3项。获省级教学成果二等奖2项，主持国家自然科学基金面上项目4项、省部级科研项目7项、横向项目多项。发表学术论文100余篇，其中SCI收录50余篇。主编教材4部、专著4部。

　　周亚福，男，研究员，博士。2005年毕业于黄冈师范学院生命科学专业，2011年毕业于西北大学植物学专业，获理学博士学位。现任陕西省西安植物园（陕西省植物研究所）研究员。主要从事结构与发育植物学以及植物资源保护与利用研究。中国林学会灌木分会委员、陕西省动植物保护协会理事、陕西省青年科技工作者协会会员、第四次全国中药资源普查工作陕西省专家委员会委员、中国植物学会植物结构与生殖生物学会会员和西安市花卉协会理事等。入选陕西省第二批秦岭生态环保"青年学者"、陕西省"青年科技新星"和中国科学院"西部之光"青年学者等。主持国家自然科学基金、中国科学院"西部之光"人才培养项目和陕西省"青年科技新星"项目等20余项；发表论文40余篇，其中SCI收录20余篇；主编专著《中国秦岭外来入侵植物图鉴》，参编2020—2022《秦岭生态科学考察报告》《中国秦岭常见药用植物图鉴》及《中国秦岭经济植物图鉴》等；获国家发明专利授权1项。2017年获陕西省第十三届自然科学优秀学术论文"三等奖"，2020—2022年连续三年获陕西省秦岭生态科学考察项目奖励。

前 言

秦岭，横亘于陕西南部，是中国中部呈东西走向最大的山脉。秦岭作为我国南北气候的分界线和长江、黄河两大水系的分水岭，是我国重要的生态安全屏障和"南水北调"中线工程重要的水源涵养区，被誉为"中央水塔"。秦岭山地植物种类繁多，区系成分复杂，是中国–日本森林植物区系和中国–喜马拉雅森林植物区系的交汇地带，是地球同纬度生物多样性极为丰富、生态环境极为优越的地区，还是全球生物多样性热点地区、中国生物多样性关键地区，被称为世界罕见的"生物基因库"及"绿色基因库"，是人类生活和生存所依赖的众多栽培作物野生原型及近缘种的原始产地。野生植物资源在食品、医药及化学等领域具有广阔的应用前景，其经济、社会和生态等方面的效益是空前的。在生物物种灭绝速度加快、生物多样性急剧丧失的今天，秦岭是不可多得、不可替代、不可再生的，是中国乃至整个人类社会生存和发展所需的生物资源战略储备地，在物种、遗传资源和生态系统三个层面上都具有国家战略意义乃至全球意义。

《秦岭植物志》收录秦岭地区158科、892属、3124种种子植物。从20世纪90年代末期开始，陕西省的植物学专家对秦岭地区的植物资源进行了系统调查、标本采集、考证以及新成果总结，于2013年出版《秦岭植物志补遗》，共补遗413种种子植物（含种下等级），隶属于90科、153属。至此，秦岭地区已经发现164科、1052属、3839种种子植物。秦岭植物区系不仅组成丰富，而且是珍稀濒危及保护植物非常集中的区域。

珍稀濒危植物由于自身的原因或受到人类活动的影响，现存数量稀少或者只出现在脆弱的有限生境中，面临灭绝的威胁。我国植物多样性丰富，但在过去的50年里，已有数千种植物濒临灭绝或已经灭绝，植物保护工作的形势十分严峻。研究珍稀濒危植物数量稀少的原因，并采取积极措施保护珍稀濒危植物种质资源，已成为中国生物多样性研究亟待解决的问题。20世纪80年代，《中国珍稀濒危保护植物名录》及《中国珍稀濒危保护植物》出版后，陕西省陆续公布了省内分布的国家级及省级珍稀濒危保护植物名录。近年来，我国生物多样性调查和监测力度不断加大，科学研究不断深入，我国高等植物分类和保护等工作得到了长足发展，动植物濒危物种保护管理能力显著提升。2021年国家林业和草原局农业农村部修订并发布了《国家重点保护野生植物名录》（2021 年第 15 号）。结合实际，陕西省林业局、陕西省农业农村厅对陕西省国家重点保护野生植物名录进行了审定，发布了《陕西省分布的国家重点保护野生植物名录》（陕林护发〔2022〕128 号附件 2）。同年，陕西省依据《中华人民共和国野生植物保护条例》《陕西省野生植物保护条例》有关规定，发布了《陕西省重点保护野生植物名录》（陕政函〔2022〕54 号文件）。2023 年，中华人民共和国生态环境部和中国科学院联合发布了《中国生物多样性红色名录—高等植物卷（2020）》。至此，陕西省有 8 种国家一级重点保护野生植物、95 种二级重点保护野生植物、207 种陕西省重点保护野生植物。秦岭作为陕西南部生物多样性最为集中的区域，因其独特的地理位置及丰富的植物资源，为该地区植物资源保护与利用等科学研究及科学普及工作提供了优越的条件，历来是植物研究工作者非常关注的地区。

《中国秦岭珍稀濒危植物图鉴》是本团队长期对秦岭植物资源野外实地调查的阶段性成果，每一种物种均配以具有鉴别特征的彩图以供物种鉴定之需，以期为全国更多省市开展生物多样性保护和保护策略制定等提供科学依据和参考。本书共收录 6 种国家一级重点保护野生植物、52 种国家二级重点保护野生植物、96 种陕西省重点保护野生植物；收录《中国生物多样性红色名录—高等植物卷（2020）》中 2 种极危植物物种、24 种濒危植物物种、47 种易危植物物种和 33 种近危植物物种；收录《濒危野生动植物种国际贸易公约》附录 II（简称"CITES II"）中 54 种植物物种。

《中国秦岭珍稀濒危植物图鉴》的编写与出版获得了"西安市科技局科普图书项目（24KPZT0020）""陕西省森林资源管理局 2022 年中央财政国家公园补助项目（HXTDZB20230098-2）""陕西省重要湿地动植物多样性调查与评估"《陕西植物志》第五卷编研"以及"2020—2022 年共青团陕西省委秦岭生态科学考察"等项目的资助。本书的编写得到了西北大学生命科学与医学部、陕西省科学院、陕西省森林资源管理局、陕西省自然保护区与野生动植物管理站、陕西省林业局湿地处以及秦岭地区各林业局、自然保护区等相关单位的大力支持和帮助。尤其感谢长青国家级自然保护区王军、西北大学刘培亮以及陕西省西安植物园卢元和唐剑泉等专家提供的图片和给予的支持与帮助。

由于时间及学识有限，书中亦不乏疏漏及不足，恳请各位同仁和读者不吝指正！

本书编委会
2024 年 2 月

凡 例

《中国秦岭珍稀濒危植物图鉴》一书，是编者基于多年来对秦岭地区植物资源实地调查、标本采集、文献考证以及最新的相关研究成果编写而成的。

1.《中国秦岭珍稀濒危植物图鉴》记录的物种为《中国生物多样性红色名录（2020）》中评估等级为极危、濒危、易危、近危的植物，国家重点保护野生植物和陕西省重点保护野生植物，共176种（含种下等级）。每种植物配有3～6幅照片，生动、真实地反映其野外生态环境、分类和识别特征，配以简明扼要的文字描述，介绍其形态特征、秦岭地区的分布和生境、中国的主要分布区域和保护级别，并简述其主要的保护价值和保护措施。

2. 分类群及物种排序：本书以植物的系统分类位置为编排主线，包括石松类、裸子植物和被子植物。书中裸子植物部分参考杨氏分类系统（2022），被子植物参考APG IV系统。本书科以上的分类单位按分类地位排序，同一科内的属和种按拉丁文字母排序。

3. 名称及收录范围：中文名和拉丁名参照《陕西维管植物名录》《中国植物志》《秦岭植物志》及相关考证文献等。

4. 特征：主要参照《中国植物志》《秦岭植物志》和《陕西植物志·第四卷》。

5. 秦岭分布：记述该物种在秦岭地区的自然分布区域，主要依据《秦岭植物志》、《陕西维管植物名录》、《陕西植物志·第四卷》、近年来发表的最新研究成果及编写团队多年来野外实地调查的结果。

6. 中国分布：记述该物种在中国的分布地，主要参照《中国植物志》和《陕西维管植物名录》等。

7. 生境：记述该物种在秦岭地区自然条件下的生长环境。

8. 保护级别：参考《陕西省分布的国家重点保护野生植物名录》（陕林护发〔2022〕128号附件2）、《陕西省重点保护野生植物名录》（陕政函〔2022〕54号文件）、《中国生物多样性红色名录（2020）》及《濒危野生动植物种国际贸易公约》（简称"CITES"）。

9. 保护价值：简要概述了植物的开发价值和利用价值、生态价值或研究价值。若某植物有多种用途时，在本项中则简要介绍其主要用途。

10. 保护措施：从植物资源保护与可持续利用的角度简要说明了植物的保护措施。

目 录

峨眉石杉

Huperzia emeiensis (Ching & H. S. Kung) Ching & H. S. Kung
峨眉石松
石杉科 Huperziaceae 石杉属 *Huperzia*

【特征】多年生土生植物。茎直立或斜生，高 6~12 厘米，中部直径 1.0~1.5 毫米，枝连叶宽 1.0~1.5 厘米，2~4 回二叉分枝，枝上部常有很多芽孢。叶螺旋状排列，密生，反折，平伸或斜向上，线状披针形，基部与中部近等宽，近通直，长 6~11 毫米，宽约 0.8 毫米，基部截形，下延，无柄，先端渐尖，边缘平直不皱曲，全缘，两面光滑，无光泽，中脉不明显，草质。孢子叶与不育叶同形；孢子囊生于孢子叶的叶腋，外露或两端露出，肾形，黄色。

【秦岭分布】洋县。

【中国分布】陕西、江西、湖北、四川、重庆、贵州及云南东北部。

植株

枝

【生境】生于海拔 800~2800 米的林下湿地、山谷河滩灌丛中、山坡沟边石上或树干。

【保护级别】国家二级重点保护野生植物。

【保护价值】非常古老的植物类群。该属植物体中含有石杉碱甲，是一种高效且低毒的乙酰胆碱酯酶活性抑制剂，可作为治疗阿尔茨海默病的临床特效药物，深受医药学界广泛关注。野生资源生物量小、生长缓慢，人为采挖严重，物种濒临灭绝。

【保护措施】加强就地保护，促进种群的自然生长与更新。

（王军 摄）

植株

长柄石杉

Huperzia javanica (Sw.) C. Y. Yang
千层塔
石松科 Lycopodiaceae 石杉属 *Huperzia*

【特征】茎直立或斜向上，株高 10~20 厘米。分枝最宽处 2~5 厘米，最窄处 1~2.5 厘米。孢子叶和营养叶同形，营养叶稀疏，在茎上呈直角着生；叶椭圆形或倒阔披针形，中部或中上部最宽；叶片背面中脉不明显；叶片基部明显狭缩下延，叶基楔形，有柄；叶边缘不皱曲，具不规则锯齿状，叶尖急尖。孢子叶稀疏，在茎上呈直角着生或稍下弯曲，叶片椭圆形或披针形，中脉不明显，叶尖急尖，叶基楔形，下延，有柄，柄长 1~3.5 毫米，边缘具不规则锯齿；孢子囊生于孢子叶的叶腋，肾形，黄色。

【秦岭分布】勉县、洋县、宁强、汉滨、眉县。

【中国分布】湖北、湖南、广东、广西、海南、重庆、四川、贵州、云南、西藏、陕西、甘肃、

青海、宁夏、新疆、台湾、香港、澳门。

【生境】生于海拔 300~1200 米的林下地上、土坡和路边。

【保护级别】国家二级重点保护野生植物。

【保护价值】非常古老的植物类群。该属植体中含有石杉碱甲，是一种高效且低毒的乙酰胆碱酯酶活性抑制剂，可作为治疗阿尔茨海默病的临床特效药物，深受医药学界广泛关注。野生资源生物量小、生长缓慢，人为采挖严重，濒临灭绝。

【保护措施】加强就地保护，促进种群的自然生长与更新。

（唐剑泉　摄）

生殖枝

生境

生殖枝

金发石杉

Huperzia quasipolytrichoides (Hayata) Ching
反卷叶石松
石松科 Lycopodiaceae 石杉属 *Huperzia*

【特征】多年生土生植物。茎直立或斜生，高 9~13 厘米，中部直径 1.2~1.5 毫米，枝连叶宽 7~10 毫米，3~6 回二叉分枝，枝上部有很多芽胞。叶螺旋状排列，密生，强度反折或略斜下，线形，基部与中部近等宽，明显镰状弯曲，长 6~9 毫米，宽约 0.8 毫米，基部截形，下延，无柄，先端渐尖，边缘平直不皱曲，全缘，两面光滑，无光泽，中脉背面不明显，腹面略可见，草质。孢子叶与不育叶同形；孢子囊生于孢子叶的叶腋，外露，肾形，黄色或灰绿色。

【秦岭分布】洋县。

【中国分布】陕西、湖北、湖南、福建、台湾、安徽、江西、云南、广东等地。

枝

植株

【生境】生于海拔 2900 米以上的高山区冰川遗迹。

【保护级别】国家二级重点保护野生植物。易危。

【保护价值】十分古老的植物类群。该属植体中含有石杉碱甲，是一种高效且低毒的乙酰胆碱酯酶活性抑制剂，可作为治疗阿尔茨海默病的临床特效药物，深受医药学界广泛关注。野生资源生物量小、生长缓慢，人为采挖严重，濒临灭绝。

【保护措施】加强就地保护，促进种群的自然生长与更新。

（王军 摄）

生境

穗花杉

Amentotaxus argotaenia (Hance) Pilg.
华西穗花杉
红豆杉科 Taxaceae 穗花杉属 *Amentotaxus*

【特征】常绿灌木或小乔木。树皮灰褐色或淡红褐色，裂成片状脱落。叶基部扭转列成两列，条状披针形，直或微弯镰状，有极短的叶柄，边缘微向下曲，下面白色气孔带与绿色边带等宽或较窄；萌生枝的叶较长，通常镰状，气孔带较绿色边带为窄。雄球花穗 1~3（多为 2），雄蕊有 2~5（多为 3）花药，雌球花单生于新枝上的苞片腋部或叶腋。种子椭圆形，成熟时假种皮鲜红色，顶端有小尖头露出，基部宿存苞片的背部有纵脊，扁四棱形。花期 4 月，种子 10 月成熟。

【秦岭分布】宁强、文县。

【中国分布】甘肃、陕西、湖北、湖南、四川、西藏、贵州、江苏、浙江、福建、台湾、江西、广东、广西。

【生境】生于海拔 300~1100 米地带的荫湿溪谷两旁或林内。

【保护级别】国家二级重点保护野生植物。

【保护价值】木材材质细密，可供雕刻、器具、农具及细木加工等用。叶常绿，上面深绿色，下面有明显的白色气孔带，种子熟时假种皮红色、下垂，极美观，可作庭园树。

【保护措施】加大宣传力度，严禁非法盗挖野生资源；加强就地保护，促进野生种群的自然生长与更新；积极开展保护生物学研究，保存优质种源，积极开展人工引种繁育及野外回归工作。

枝和叶腹面

叶背面和种子

种子

红豆杉

Taxus wallichiana Zucc. var. chinensis (Pilg.) Florin
观音杉、红豆树、扁柏、卷柏
红豆杉科 Taxaceae 红豆杉属 *Taxus*

【特征】常绿乔木。树皮灰褐色、红褐色或暗褐色，裂成条片脱落。叶排列成两列，条形，有两条气孔带，中脉带上有密生均匀而微小的圆形角质乳头状突起点。雄球花淡黄色；雌球花几无梗，基部有多数覆瓦状排列的苞片，胚珠直立，基部托以圆盘状的珠托，受精后珠托发育成肉质、杯状、红色的假种皮。种子坚果状，当年成熟，生于杯状肉质的假种皮中。花期 4—5 月，种子 8—10 月成熟。

【秦岭分布】秦岭南北坡。

【中国分布】陕西、甘肃南部、四川、云南东北部及东南部、贵州西部及东南部、湖北西部、湖南东北部、广西北部和安徽南部等地。

【生境】生于海拔 800~2100 米的山地杂木林中，常生于河边、河边山坡上或崖石上。

【保护级别】国家一级重点保护野生植物。易危。CITES：II。

【保护价值】中国特有树种，亦为第四纪冰川遗留下来的古老的孑遗植物。其体内所含的紫杉醇具有很好的抗癌、抗肿瘤活性作用；同时，具有重要的观赏价值。

【保护措施】开展野生资源普查，摸清家底；加强对野生种群及栖息地的保护，积极开展资源的保护生物学研究。

雌球花

植株

雄球花

种子枝

生境

南方红豆杉

Taxus wallichiana Zucc. var. *mairei* (Lemée & H.Lév.) L.K.Fu & Nan Li
海罗松、赤椎、杉公子、美丽红豆杉
红豆杉科 Taxaceae 红豆杉属 *Taxus*

树干

叶腹

雄球花枝

种子枝

生境

【特征】常绿乔木。与红豆杉的区别主要在于叶常较宽长，多呈弯镰状，上部常渐窄，先端渐尖，下面中脉带上无角质乳头状突起点，或局部有成片或零星分布的角质乳头状突起点，或与气孔带相邻的中脉带两边有一至数条角质乳头状突起点，中脉带明晰可见，其色泽与气孔带相异，呈淡黄绿色或绿色，绿色边带亦较宽而明显。种子通常较大，微扁，多呈倒卵圆形，种脐常呈椭圆形。花期4—5月，种子8—10月成熟。

【秦岭分布】秦岭南坡。

【中国分布】安徽南部、浙江、台湾、福建、江西、广东北部、广西北部及东北部、湖南、湖北西部、河南西部、陕西南部、甘肃南部、四川、贵州及云南东北部。

【生境】生于海拔1200~1900米间的山地杂木林中。

【保护级别】国家一级重点保护野生植物。近危。CITES：II。

【保护价值】中国特有树种，亦为第四纪冰川遗留下来的古老的孑遗植物。其体内所含紫杉醇具有很好的抗癌、抗肿瘤活性作用；同时，具有重要的观赏价值。

【保护措施】开展野生资源普查，摸清家底；加强对野生种群及栖息地的保护，积极开展资源的保护生物学研究。

巴山榧树

Torreya fargesii Franch.

巴山榧、球果榧、篦子杉、紫柏、铁头枞

红豆杉科 Taxaceae 榧树属 *Torreya*

【特征】常绿乔木。树皮深灰色，不规则纵裂。叶条形，具刺状短尖头，中脉不隆起，气孔带较中脉带为窄。雄球花卵圆形，基部的苞片背部具纵脊；雌雄异株，雄蕊常具 4 花药；雌球花成对生于叶腋，胚珠 1 枚，直立，生于漏斗状珠托上，通常仅一个雌球花发育，受精后珠托增大发育成肉质假种皮。种子第二年秋季成熟，核果状，全部包于肉质假种皮中。花期 4—5 月，种子 9—10 月成熟。

【秦岭分布】秦岭南坡。

【中国分布】陕西南部，湖北西部，四川东部、东北部及西部峨眉山等地。

【生境】生于海拔 960~1800 米的山地灌丛、林下、河边。

【保护级别】国家二级重点保护野生植物。易危。

【保护价值】巴山榧树为古老的孑遗植物，在研究榧树属的自然分布、古植物区系、第四纪冰期的气候变迁等方面具有重要意义；同时，具有重要的经济和生态价值。

【保护措施】加强对野生种群及栖息地的保护，积极开展资源的保护生物学研究。

叶腹面

叶背面

雌球花枝

种子

生境

秦岭冷杉

Abies chensiensis Tiegh.
陕西冷杉、枞树红豆杉
松科 Pinaceae 冷杉属 *Abies*

【特征】常绿乔木。叶条形，在枝上列成两列。雌雄同株；雄球花穗状圆柱形，下垂，雄蕊多数，螺旋状着生，花药2；雌球花直立，短圆柱形，具多数螺旋状着生的珠鳞和苞鳞，苞鳞大于珠鳞，珠鳞腹（上）面基部有2枚胚珠。球果圆柱形或卵状圆柱形，当年成熟，直立，成熟前绿色，成熟时褐色。种翅倒三角形。花期5—6月，种子9—10月成熟。

【秦岭分布】长安、华阴、宁陕、留坝、佛坪、洋县、周至、镇安、略阳、石泉、太白、凤县等。

【中国分布】甘肃、河南、湖北、陕西、四川。

【生境】生于海拔 1350~2300 米间的山地溪旁、阴坡。

【保护级别】国家一级重点保护野生植物。易危。

【保护价值】古老的孑遗植物。该物种生长速度较快，在秦岭高海拔植被恢复更新、林产等方面都具有重要的生态价值。

【保护措施】加强就地保护，促进野生种群的自然生长与更新；保护现有优良种质资源，积极开展良种的繁育和栽培技术研究。

枝

球果

种子

生境

成熟球果

铁坚油杉

Keteleeria davidiana (Bertrand) Beissn.
罗松、铁坚杉、青岩油杉
松科 Pinaceae 油杉属 *Keteleeria*

【**特征**】常绿乔木。树冠广圆形；树皮粗糙，暗深灰色，深纵裂；一年生枝有毛或无毛，二、三年生枝常有裂纹或裂成薄片；冬芽卵圆形，先端微尖。叶条形，在侧枝上排列成两列，沿中脉两侧各有气孔线，微有白粉；幼树或萌生枝有密毛，先端有刺状尖头。球果圆柱形；中部的种鳞卵形或近斜方状卵形，鳞背露出部分无毛或疏生短毛；种翅中下部或近中部较宽，上部渐窄；子叶常 2~3 枚；初生叶 7~10 枚，鳞形，近革质。花期 4 月，种子 10 月成熟。

【**秦岭分布**】汉中，商州、洋县、宁陕和宁强等。

【**中国分布**】甘肃东南部，陕西南部，四川北部、东部及东南部，湖北西部及西南部，湖南西北部，贵州西北部。

【**生境**】生于海拔 700~1500 米间的山地。

【**保护级别**】陕西省重点保护野生植物。

【**保护价值**】木材是房屋、桥梁及一般用具等优良用材。种子还可驱虫、消积、抗癌等。

【**保护措施**】做好种质资源普查，摸清家底；加强就地保护，促进野生种群的自然生长与更新。

枝

枝和球果

球果

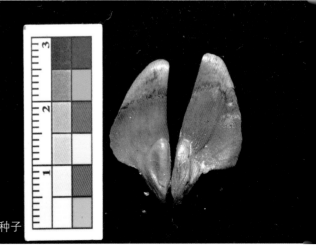

种子

生境

秦岭红杉

Larix potaninii Batalin var. *chinensis* (Beissn.) L.K. Fu & Nan Li
太白红杉、太白落叶松
松科 Pinaceae 落叶松属 *Larix*

树干

枝

雄球花枝

生境

成熟球果

雌球花

【特征】落叶乔木。树皮灰至暗灰褐色，薄片状剥裂；当年生长枝淡褐黄色、淡黄色或淡灰黄色，二年生枝灰色或暗灰色。叶倒披针状窄条形，上下均有白色气孔线。雄球花卵圆形；雌球花和幼果淡紫色，卵状矩圆形，苞鳞直伸，先端急尖。球果卵状矩圆形，种鳞成熟后显著地张开，苞鳞较种鳞为长；种子斜三角状卵圆形，种翅淡褐色，先端钝圆。花期4—5月，球果10月成熟。

【秦岭分布】秦岭太白山、玉皇山，佛坪、鄠邑等地。

【中国分布】陕西。

【生境】生于海拔2500~3500米间的山地。

【保护级别】陕西省重点保护野生植物。

【保护价值】秦岭高山地区特有的落叶针叶树种，构成了秦岭最高海拔的高山林线。其对气候变化极为敏感，是区域性气候变化研究的理想树种；同时，对保护高山地带水土流失、改善生态环境及保护生物多样性具有重要的意义。

【保护措施】加强对野生种群及栖息地的保护，建立监测系统，掌握该物种生长动态，积极开展保护生物学研究。

植株

大果青杆

Picea neoveitchii Mast.
爪松、紫树、青扦杉、大果青扦
松科 Pinaceae 云杉属 *Picea*

【特征】常绿乔木。树皮灰色，裂成鳞状块片脱落；一年生枝淡黄色或微带褐色，无毛，二、三年生枝灰色或淡黄灰色，老枝灰色或暗灰色；叶四棱状条形，弯曲，先端锐尖，四边有气孔线。雌雄同株；雄球花椭圆形或圆柱形，雄蕊多数，螺旋状着生；雌球花单生枝顶，红紫色或绿色，珠鳞多数，螺旋状着生，腹面基部生 2 枚胚珠。球果矩圆柱形或卵状圆柱形，常两端窄缩，或近基部微宽，成熟前绿色，有树脂，成熟时淡褐色或褐色，稀带黄绿色；种子倒卵圆形，种翅宽大，倒卵状。花期 5—6 月，果期 6—8 月。

【秦岭分布】太白、宁陕等。

生境

【中国分布】湖北西部、陕西南部、甘肃天水及白龙江流域。

【生境】生于海拔 1200~2150 米间的山地。

【保护级别】国家二级重点保护野生植物。易危。

【保护价值】分布范围小，分布具残遗性质。在研究区域植物区系的形成历史和发展动态以及裸子植物系统演化方面，具有重要的学术价值。

【保护措施】加强迁地和就地保护，积极开展保护生物学研究；保存优质种源，积极开展良种的繁育和栽培技术研究。

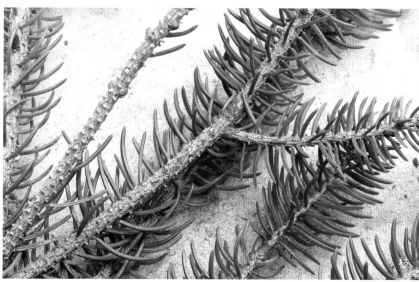

球果

成熟球果

白皮松

Pinus bungeana Zucc. ex Endl.
蟠龙松、虎皮松、白果松、三针松、白骨松、美人松
松科 Pinaceae 松属 *Pinus*

树干

雄球花枝

雄球花

【特征】常绿乔木。有明显的主干；幼树树皮光滑，灰绿色，老则树皮呈淡褐灰色或灰白色，裂成不规则的鳞状块片脱落，脱落后近光滑，露出粉白色的内皮，白褐相间成斑鳞状；一年生枝灰绿色，无毛。针叶3针1束，粗硬，边缘有细锯齿，横切面扇状三角形或宽纺锤形；叶鞘脱落。雄球花卵圆形或椭圆形，多数聚生于新枝基部成穗。球果通常单生，初直立，后下垂，熟时淡黄褐色，有短梗或几无梗。种鳞矩圆状宽楔形；种子灰褐色，近倒卵圆形；子叶针形，初生叶窄条形，上下面均有气孔线，边缘有细锯齿。花期4—5月，球果第二年10—11月成熟。

【秦岭分布】蓝田、长安、华山、鄠邑、留坝等。

【中国分布】山西（吕梁山、中条山、太行山）、河南西部、陕西秦岭、甘肃南部及天水麦积山、四川北部江油观雾山及湖北西部等地。

【生境】生于海拔2000米以下的山坡或平川。

【保护级别】濒危。

【保护价值】木材坚硬，为建筑及家具用材；种子可食；树皮斑纹美观，为优良绿化树种。

【保护措施】加大宣传力度，严禁非法盗挖野生资源；加强就地保护，促进野生种群的自然生长与更新。

生境

雌球花

幼小球果

草麻黄

Ephedra sinica Stapf
华麻黄、麻黄枞
麻黄科 Ephedraceae 麻黄属 *Ephedra*

雄球花

幼球果

生境

成熟雌球果

【特征】草本状灌木。木质茎短或成匍匐状。叶 2 裂，鞘占全长 1/3~2/3，裂片锐三角形。雄球花多成复穗状，常具总梗，苞片通常 4 对，雄蕊 7~8，花丝合生；雌球花单生，在幼枝上顶生，在老枝上腋生，苞片 4 对，雌花 2，雌球花成熟时肉质红色。种子通常 2 粒，包于苞片内，不露出或与苞片等长，表面具细皱纹，种脐明显，半圆形。花期 5—6 月，种子 8—9 月成熟。

【秦岭分布】华阴、临渭区、华州区等。

【中国分布】辽宁、吉林、内蒙古、河北、山西、河南西北部及陕西等省区。

【生境】生于山坡干燥荒地、沙丘顶部、河滩沙地等。

【保护级别】陕西省重点保护野生植物。近危。

【保护价值】有很高的药用价值。具有发汗散寒、宣肺平喘、利水消肿等功效。

【保护措施】加强迁地和就地保护，积极开展保护生物学研究。

成熟雌球果枝

异形南五味子

Kadsura heteroclita (Roxb.) Craib
散血香、鸡血藤、大钻骨风、吹风散
五味子科 Schisandraceae 南五味子属 *Kadsura*

【特征】常绿木质大藤本。小枝褐色，干时黑色，有明显深入的纵条纹，老茎木栓层厚，块状纵裂。叶卵状椭圆形至阔椭圆形，全缘或上半部边缘有疏离的小锯齿。花单生于叶腋，雌雄异株，花被片白色或浅黄色。雄花：花托椭圆体形，顶端伸长圆柱状，圆锥状凸出于雄蕊群外；雄蕊群椭圆体形；花丝与药隔连成近宽扁四方形，花丝极短。雌花：雌蕊群近球形，子房长圆状倒卵圆形，花柱顶端具盾状的柱头冠。聚合果近球形。种子长圆状肾形。花期5—8月，果期8—12月。

【秦岭分布】宁陕、洋县、太白、略阳、留坝等地。

【中国分布】陕西、湖北、广东、海南、广西、贵州、云南。

【生境】生于海拔900~1300米的山坡林下或灌丛中。

【保护级别】陕西省重点保护野生植物。

【保护价值】具有很高的药用价值和食用价值。藤茎及根称"地血香"，供药用，有祛风除湿、行气止痛、舒筋活络的功效；果实亦可入药。

【保护措施】加强迁地和就地保护，保存优质种源，积极开展良种的繁育和栽培技术研究。

叶

雌蕊群

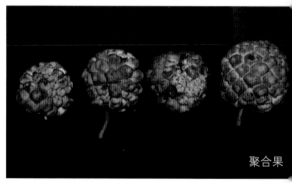

聚合果

果枝

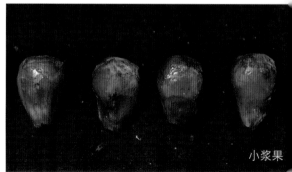

小浆果

生境

竹叶胡椒

Piper bambusifolium Y. Q. Tseng

胡椒科 Piperaceae 胡椒属 *Piper*

生境

植株

【特征】攀缘藤本。叶披针形或窄披针形，被腺点，先端长渐尖，基部楔形，叶脉5，最上1对互生。除花序轴外，余无毛；花枝纤细；花单性，雌雄异株，穗状花序与叶对生，雄花序黄色，总梗与叶柄等长或稍长，花序轴被毛；苞片圆形，盾状，无毛；雄蕊3，花丝稍长于花药，花药肾形。核果干时红色，球形，平滑。花期4—7月。

【秦岭分布】宁强等。

【中国分布】陕西、赣中北部、鄂东南、川东北及东南和贵州等地。

【生境】生于海拔550~1100米间的山谷林下、山坡石壁上和树上。

【保护级别】陕西省重点保护野生植物。

【保护价值】可药用，具有祛风散寒、行气止痛等功效。

【保护措施】加强迁地和就地保护，积极开展保护生物学研究。

果实

枝

叶

单叶细辛

Asarum himalaicum Hook. f. & Thomson ex Klotzsch
毛细辛、水细辛、土癞蜘蛛香
马兜铃科 Aristolochiaceae 细辛属 *Asarum*

【特征】多年生草本。根状茎细长，有多条纤维根。叶互生，疏离，叶片心形或圆心形，先端渐尖或短渐尖，基部心形，两面散生柔毛，叶背和叶缘的毛较长；叶柄有毛；芽苞叶卵圆形。花深紫红色；花梗细长，有毛，毛渐脱落；花被在子房以上有短管，裂片长圆卵形，上部外折，外折部分三角形，深紫色；雄蕊与花柱等长或稍长，花丝比花药长约2倍，药隔伸出，短锥形；子房半下位，具6棱，花柱合生，柱头顶生。果近球状，直径约1.2厘米。花期4—6月。

【秦岭分布】秦岭南北坡。

叶背面

花

【**中国分布**】湖北西部、陕西、甘肃、四川、贵州、云南、西藏。

【**生境**】生于海拔 1800~3000 米间的山地林下阴湿处。

【**保护级别**】易危。

【**保护价值**】全草入药。在民间药用或作为细辛的代用品使用，主要用于治疗风寒头痛、痰饮咳喘、关节疼痛、牙痛或跌打损伤等。

【**保护措施**】加强就地保护，促进野生种群的自然生长与更新。

生境

马蹄香

Saruma henryi Oliv.
冷水丹、高脚细辛
马兜铃科 Aristolochiaceae 马蹄香属 *Saruma*

【特征】多年生直立草本。叶互生，心形。花单生，花萼基部与子房合生，萼片和花瓣 3，花瓣黄绿色，稍比花萼大；雄蕊常 12，排成 2 轮，花丝较花药长，先端膨大内曲，花药内向纵裂；子房半下位，下部合生，上部离生。蒴果菁葵状，花萼宿存。花期 4—7 月，果期 6—8 月。

【秦岭分布】秦岭南北坡。

【中国分布】陕西、江西、湖北、河南、甘肃、四川及贵州等省。

【生境】生于海拔 1000~1600 米间的山地林下阴湿处。

【保护级别】国家二级重点保护野生植物。濒危。

【保护价值】马蹄香为中国特有的单种属植物，是一种珍贵的古老孑遗植物，是马兜铃科中最原始的物种，在系统演化及中国种子植物区系研究方面具有重要意义。该种亦是重要的药用植物，同时为中国特有珍稀蝴蝶长尾虎凤蝶幼虫唯一的寄主植物。

【保护措施】加强迁地和就地保护，积极开展珍稀濒危植物的保护生物学研究。

花

叶

萼片和幼果

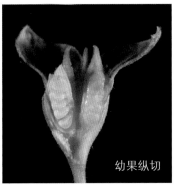
幼果纵切

开裂果实

种子

生境

厚朴

Houpoea officinalis (Rehder & E.H.Wilson) N.H.Xia & C.Y.Wu

凹叶厚朴

木兰科 Magnoliaceae 厚朴属 *Houpoea*

【特征】落叶乔木。树皮厚，褐色；叶大，近革质，7~9 片聚生于枝端，长圆状倒卵形。花白色，芳香；花被片 9~12，厚肉质，外轮淡绿色，长圆状倒卵形，内两轮白色，倒卵状匙形；雄蕊约 72，雌蕊群椭圆状卵圆形。聚合蓇葖果长圆状卵圆形。花期 5—6 月，果期 8—10 月。

【秦岭分布】秦岭南坡。

【中国分布】陕西南部、甘肃东南部、河南东南部、湖北西部、湖南西南部、四川中部及东部、贵州东北部。

【生境】生于海拔 300~1500 米的山地林间。

花枝

【保护级别】国家二级重点保护野生植物。

【保护价值】著名中药，有化湿导滞、行气平喘、化食消痰、祛风镇痛之效，亦可作为木材和重要的园林绿化观赏树种。现存被子植物中较原始的种类，在研究被子植物及木兰科植物的系统演化方面有重要的科学价值。

【保护措施】加强迁地和就地保护，积极开展保护生物学研究；同时，保存优质种源，积极开展良种的繁育和栽培技术研究。

果实

花

雌蕊群和雄蕊群

鹅掌楸

Liriodendron chinense (Hemsl.) Sarg.
马褂木
木兰科 Magnoliaceae 鹅掌楸属 *Liriodendron*

【特征】落叶乔木。叶互生，叶马褂状，具长柄，托叶与叶柄离生。花单生枝顶，杯状，两性，花被片9，外轮3片绿色，萼片状，向外弯垂，内两轮6片、直立，花瓣状、倒卵形，绿色，具黄色纵条纹；雄蕊多数，药室外向开裂；雌蕊群无柄，心皮多数，螺旋状排列。聚合果纺锤状，成熟心皮木质，种皮与内果皮愈合，顶端延伸成翅状。花期4—5月，果期7—9月。

【秦岭分布】秦岭南坡。

【中国分布】长江流域及西南各省。

【生境】生于海拔650~1160米间的山地疏林中。

【保护级别】国家二级重点保护野生植物。

【保护价值】我国特有的珍稀植物。作为古老的孑遗植物，现仅残存鹅掌楸和北美鹅掌楸两种，为东亚与北美洲际间断分布的典型实例，对古植物学和植物系统学有重要的科研价值。该物种自身有生殖生物学障碍且人为干扰破坏了其适生环境，导致数量急剧减少，已趋于濒危状态。

【保护措施】提高种子萌发率与幼苗存活率，促进种群恢复更新。在种群恢复的过程中要适当采取就地保护或迁地保护措施，以及人为促进天然更新的措施；并适度疏理林内空间以降低种内竞争压力，扩大其生态位，改善种群生存条件。

枝和果实

花枝

花侧面

花正面

花正面

枝

青皮玉兰

Yulania viridula D.L. Fu, T.B. Zhao & G.H. Tian

木兰科 Magnoliaceae 玉兰属 *Yulania*

【特征】落叶乔木。一年生小枝粗壮，淡黄绿色，具光泽，初疏被短柔毛至密被短柔毛，后无毛，有时宿存。叶圆形、椭圆形或宽椭圆形，表面深绿色，沿主脉疏被短柔毛，背面灰绿色，主脉显著隆起，沿主脉和侧脉被长柔毛；叶柄疏被短柔毛。花先叶开放；花被片白色，外面中部以下亮浅桃红色，基部亮浓桃红色，内面雪白色，开花末期外轮花被片反卷；雄蕊多数；雌蕊群圆柱形，雌蕊多数；每花具佛焰苞状苞片 1 。花期 3 月。

【秦岭分布】汉中。

【中国分布】陕西。

【生境】生于海拔 700 米左右的山林中。

【保护级别】陕西省重点保护野生植物。濒危。

【保护价值】花香、色艳，具有极高的观赏价值。

【保护措施】加强迁地和就地保护，积极开展珍稀濒危植物的保护生物学研究；保存优质种源，积极开展良种的繁育和栽培技术研究。

花枝

叶

花蕾

花

果实

花枝

植株

山蜡梅

Chimonanthus nitens Oliv.
鸡卵果、野蜡梅、亮叶蜡梅、臭蜡梅
蜡梅科 Calycanthaceae 蜡梅属 *Chimonanthus*

【特征】常绿灌木。幼枝四方形，老枝近圆柱形。叶椭圆形至卵状披针形，少数为长圆状披针形，叶面基部有不明显的腺毛，叶背无毛，或在叶缘、叶脉和叶柄上被短柔毛；叶脉在叶面扁平，在叶背凸起，网脉不明显。花黄色或黄白色；花被片圆形、卵形、卵状披针形或长圆形，外面被短柔毛；花丝短且被短柔毛，花药卵形；心皮基部及花柱基部被疏硬毛。果托坛状，口部收缩，成熟时灰褐色，被短茸毛，内藏聚合瘦果。花期 10 月至翌年 1 月，果期 4—7 月。

【秦岭分布】山阳、柞水等。

【中国分布】安徽、浙江、江苏、江西、福建、湖北、湖南、广西、云南、贵州和陕西等省区。

【生境】生于海拔 1000 米以下的山地疏林中。

【保护级别】陕西省重点保护野生植物。

【保护价值】叶可入药，性凉味苦，辛凉解表，清热解毒。花色美、叶常绿，是良好的园林观赏植物。

【保护措施】加强迁地和就地保护；保存优质种源，积极开展良种的繁育和栽培技术研究。

花枝

花

枝

花枝

簇叶新木姜子

Neolitsea confertifolia (Hemsl.) Merr.
密叶新木姜、香桂子树、丛叶楠
樟科 Lauraceae 新木姜子属 *Neolitsea*

枝

【特征】常绿小乔木。树皮灰色，平滑。小枝常轮生，嫩时有灰褐色短柔毛。顶芽常数个聚生，鳞片外被锈色丝状柔毛。叶密集呈轮生状，长圆形、披针形至狭披针形，上面无毛，下面幼时有短柔毛。雌雄异株。伞形花序簇生于叶腋或节间，几无总梗；苞片外面被丝状柔毛；花梗被丝状长柔毛；花被裂片黄色；雄花：能育雄蕊 6，花丝基部有髯毛；退化雌蕊柱头膨大，头状；雌花：子房卵形。果卵形或椭圆形，成熟时灰蓝黑色。花期 4—5 月，果期 9—10 月。

【秦岭分布】太白、山阳、商南、洋县、宁强等。

【中国分布】广东北部、广西东北部、四川、贵州、陕西南部、河南西南部、湖北、湖南南部、江西西部。

【生境】生于海拔 700~2000 米间的山地灌丛或杂木林中。

【保护级别】陕西省重点保护野生植物。

【保护价值】木材可制作家具；种子可榨油，供制肥皂及机器润滑等。

【保护措施】加强迁地和就地保护；保存优质种源，积极开展良种的繁育和栽培技术研究。

花

花序

枝和花蕾　顶芽

生境

巫山新木姜子

Neolitsea wushanica (Chun) Merr.

樟科 Lauraceae 新木姜子属 *Neolitsea*

花

果枝

果实

生境

【特征】常绿小乔木。树皮黄绿色，平滑。小枝纤细。顶芽卵圆形，鳞片排列松散，外面被锈色短柔毛。叶互生或聚生于枝顶，椭圆形或长圆状披针形，先端急尖或近于渐尖，薄革质，羽状脉或有时近于离基三出脉，中脉、侧脉在叶两面均突起；叶柄细长。雌雄异株。伞形花序腋生或侧生，无总梗，苞片 4；每一花序有雄花 5；花梗有黄褐色丝状柔毛；花被裂片 4，卵形，外面中肋有长柔毛，内面仅基部有毛；能育雄蕊 6，花丝长 3 毫米；退化雌蕊细小。果球形，成熟时紫黑色。花期 10 月，果期翌年 6—7 月。

【秦岭分布】镇安。

【中国分布】湖北、四川、贵州、陕西、广东、云南、福建等。

【生境】生于海拔 480~1400 米间的山地灌丛或杂木林中。

【保护级别】陕西省重点保护野生植物。

【保护价值】果实、叶中含有芳香油，可供药用。为工业材用树种。

【保护措施】加强迁地和就地保护；保存优质种源，积极开展良种的繁育和栽培技术研究。

花枝和果枝

具柄重楼

Paris fargesii Franch. var. *petiolata* (Baker ex C.H. Wright) F.T. Wang & T. Tang

藜芦科 Melanthiaceae 重楼属 *Paris*

【特征】多年生草本。根茎直径粗达 1~2 厘米。叶 4~6，宽卵形，基部近圆形，极少为心形。外轮花被片通常 5，卵状披针形，先端具长尾尖，基部变狭成短柄；内轮花被片长 4.5~5.5 厘米，雄蕊 12，长 1.2 厘米，药隔突出部分为小尖头状，长约 1~2 毫米。花期 6 月。

【秦岭分布】太白山，佛坪、洋县、留坝、凤县、柞水等。

【中国分布】陕西、江西、广西、贵州和四川。

【生境】生于海拔 1300~1800 米间的林下荫处。

【保护级别】国家二级重点保护野生植物。易危。

【保护价值】根状茎在陕西多地以中药重楼等效使用，具有止血、抗炎、镇痛等作用，可用于治疗癌症、肺系疾病、慢性胃病等。

【保护措施】加大宣传力度，严禁非法盗挖野生资源；加强就地保护，促进野生种群的自然生长与更新；积极开展保护生物学研究，保存优质种源，积极开展良种的繁育和栽培技术研究。

生境

花

植株

花正面

植株

花侧面

七叶一枝花

Paris polyphylla Sm.
九连环、蚤休
藜芦科 Melanthiaceae 重楼属 *Paris*

植株

【特征】多年生草本。根状茎肉质粗厚，外面棕褐色。茎常带紫红色，基部有灰白色干膜质的鞘。叶 7—10，轮生于茎顶部，排成一轮。花单生于叶轮中央，花被片离生，排成二轮，外轮花被片绿色，4—6，狭卵状披针形，内轮花被片狭条形，通常比外轮长；花药短，药隔突出；子房近球形，具稜，顶端具一盘状花柱基，花柱粗短，具 5 分枝。蒴果紫色。种子多数。花期 4—7 月，果期 8—11 月。

【秦岭分布】秦岭南北坡。

【中国分布】陕西、西藏东南部、云南、四川和贵州。

【生境】生于海拔 1100~2100 米的山地阴湿林下、坡底、沟边。

【保护级别】国家二级重点保护野生植物。易危。

【保护价值】我国珍稀中药材，根状茎入药，具有清热解毒、消肿止痛、凉肝定惊的功效，是云南白药和片仔癀等 260 多种中成药的主要原料之一。

【保护措施】加大宣传力度，严禁非法盗挖野生资源；加强就地保护，促进野生种群的自然生长与更新；积极开展保护生物学研究，保存优质种源，积极开展良种的繁育和栽培技术研究。

种子

植株

花枝

花

生境

宽叶重楼

Paris polyphylla Sm. var. *latifolia* F.T. Wang & C. Yu Chang

藜芦科 Melanthiaceae 重楼属 *Paris*

【特征】本变种与狭叶重楼（变种）十分近似，主要区别在于：叶较宽，通常为倒卵状披针形或宽披针形，长 12~15 厘米，宽 2~4（或至 6）厘米，幼果外面有疣状突起，成熟后更为明显。花期 5 月，果期 7—9 月。

【秦岭分布】商南、华阴、宁陕。

【中国分布】山西、陕西、甘肃、河南、安徽、湖北、江西。

【生境】生于海拔 1200~2250 米间的山地林下。

【保护级别】国家二级重点保护野生植物。易危。

【保护价值】根状茎供药用。在陕西多地当中药重楼使用，具有止血、抗炎、镇痛等作用，可用于治疗癌症、肺系疾病、慢性胃病等。

【保护措施】加大宣传力度，严禁非法盗挖野生资源；加强就地保护，促进野生种群的自然生长与更新；积极开展保护生物学研究，保存优质种源，积极开展良种的繁育和栽培技术研究。

花被片

幼果

植株

果皮和种子

生境

狭叶重楼

Paris polyphylla Sm. var. *stenophylla* Franch.

藜芦科 Melanthiaceae 重楼属 *Paris*

【特征】多年生草本。叶 8~13 轮生，披针形、倒披针形或条状披针形，有时略微弯曲呈镰刀状，具短叶柄。外轮花被片叶状，狭披针形或卵状披针形，先端渐尖头，基部渐狭成短柄；内轮花被片狭条形，远比外轮花被片长；雄蕊 7~14，花药与花丝近等长；药隔突出部分极短，长 0.5~1 毫米；子房近球形，暗紫色，花柱明显，顶端具分枝。花期 6—8 月，果期 9—10 月。

【秦岭分布】秦岭南北坡。

【中国分布】四川、贵州、云南、西藏、广西、湖北、湖南、福建、台湾、江西、浙江、江苏、安徽、山西、陕西和甘肃。

植株

【生境】生于海拔 1100~2100 米间的山地林下。

【保护级别】国家二级重点保护野生植物。易危。

【保护价值】狭叶重楼以根状茎入药，味苦、微寒、有小毒，具有清热解毒、活血散瘀、平喘止咳、接骨等功效。

【保护措施】加大宣传力度，严禁非法盗挖野生资源；加强就地保护，促进野生种群的自然生长与更新；积极开展保护生物学研究，保存优质种源，积极开展良种的繁育和栽培技术研究。

花

延龄草

Trillium tschonoskii Maxim.

藜芦科 Melanthiaceae 延龄草属 *Trillium*

【特征】多年生草本。茎丛生于粗短的根状茎上。叶菱状圆形或菱形，近无柄。花梗长 1~4 厘米；外轮花被片卵状披针形，绿色，内轮花被片白色，少有淡紫色，卵状披针形；花柱长 4~5 毫米；花药短于花丝或与花丝近等长，顶端有稍突出的药隔；子房圆锥状卵形。浆果圆球形，黑紫色。种子多数。花期 4—6 月，果期 7—8 月。

【秦岭分布】宝鸡，长安、太白、眉县、周至、宁陕、旬阳、凤县、留坝、宁强、佛坪、洋县、镇安等。

【中国分布】西藏、云南、四川、陕西、甘肃、安徽。

【生境】生于海拔 1600~2700 米间的山地林下。

生境

【保护级别】陕西省重点保护野生植物。

【保护价值】延龄草为"太白七药"之一，主治头晕、跌打损伤、高血压和脑震荡后遗症等疾病。延龄草属间断分布于东亚与北美，形态结构特殊，对研究延龄草属的系统位置以及植物区系等均有科学意义。

【保护措施】加强就地保护，促进种群的自然生长与更新；积极开展保护生物学研究。

花

植株

幼果

荞麦叶大百合

Cardiocrinum cathayanum (E.H.Wilson) Stearn

百合科 Liliaceae 大百合属 *Cardiocrinum*

【特征】多年生草本。鳞茎由基生叶的叶柄基部膨大形成；茎高大。叶纸质，卵状心形或卵形，先端急尖，基部近心形。总状花序；花梗短而粗，向上斜伸，每花具 1 枚苞片；苞片矩圆形；花狭喇叭形，乳白色或淡绿色，内具紫色条纹；花被片 6，离生；雄蕊 6；子房圆柱形，花柱长约为子房的 1 倍，柱头膨大。蒴果近球形，红棕色，种子扁平，红棕色，周围有膜质翅。花期 7—8 月，果期 8—9 月。

【秦岭分布】鄠邑和周至。

【中国分布】陕西、湖北、湖南、江西、浙江、安徽和江苏。

【生境】生于海拔 900 ~ 1200 米左右的山地林下。

【保护级别】国家二级重点保护野生植物。易危。

【保护价值】具有很高的观赏价值，蒴果供药用。

【保护措施】加强就地保护，促进野生种群的自然生长与更新。

（刘培亮 摄）

叶

花侧面

花序

花正面

植株

太白贝母

Fritillaria taipaiensis P. Y. Li
秦贝
百合科 Liliaceae 贝母属 *Fritillaria*

【特征】多年生草本。鳞茎由 2 枚鳞片组成，茎直立，不分枝。叶通常对生，条形至条状披针形。花单朵，绿黄色，每花有 3 枚叶状苞片，苞片先端有时稍弯曲；外轮 3 片花被片狭倒卵状矩圆形，内轮 3 片近匙形；雄蕊 6，花药近基着，花丝通常具小乳突；花柱 3 裂，柱头伸出于雄蕊之外。蒴果具 6 棱，棱上常有翅。花期 5—6 月，果期 6—7 月。

【秦岭分布】太白山，洋县、佛坪、长安、柞水、凤县、留坝、略阳等。

【中国分布】陕西（秦岭及其以南地区）、甘肃东南部、四川东北部和湖北西北部。

【生境】生于海拔 2000~3300 米的山地草丛或林下。

【保护级别】国家二级重点保护野生植物。濒危。

【保护价值】干燥的鳞茎作为川贝母入药，入药历史悠久，主治肺热燥咳、干咳少痰、阴虚劳嗽、咯痰带血等症。

【保护措施】加大宣传力度，严禁非法盗挖野生资源；加强就地保护，促进野生种群的自然生长与更新；保存优质种源，积极开展良种的繁育和栽培技术研究。

植株和花蕾

植株及果实

花

雌蕊和雄蕊

柱头

生境

绿花百合

Lilium fargesii Franch.

百合科 Liliaceae 百合属 *Lilium*

【特征】多年生草本。鳞茎卵形；叶散生，条形。花单生或数朵排成总状花序；苞片叶状；花下垂，绿白色，有稠密的紫褐色斑点；花被片披针形，反卷，蜜腺两边有鸡冠状突起；花药长矩圆形，橙黄色；子房圆柱形；柱头稍膨大，3裂。蒴果矩圆形。花期7—8月，果期9—10月。

【秦岭分布】太白山，凤县、鄠邑、佛坪、洋县、宁陕等。

【中国分布】云南、四川、湖北和陕西南部。

【生境】生于海拔1200~2500米间的山地林下。

【保护级别】国家二级重点保护野生植物。近危。

【保护价值】重要的野生珍稀花卉，为百合育种过程中筛选优良的花色、花型、香味和耐寒性等性状提供了良好的种质资源材料。

【保护措施】加大宣传力度，严禁非法盗挖野生资源；加强就地保护，促进野生种群的自然生长与更新；保存优质种源，积极开展良种的繁育和栽培技术研究。

花枝

花枝

植株和花蕾

花

花

大花卷丹

Lilium leichtlinii Hook. f. var. *maximowiczii* (Regel) Baker
山丹花
百合科 Liliaceae 百合属 *Lilium*

【特征】多年生草本。鳞茎球形，白色。茎有紫色斑点，具小乳头状突起。叶散生，窄披针形，边缘有小乳头状突起，上部叶腋间不具珠芽。总状花序，少有单花；苞片叶状，披针形；花梗较长；花下垂，花被片反卷，红色，具紫色斑点，蜜腺两边有乳头状突起，尚有流苏状突起；雄蕊四面张开，花丝无毛，花药橙红色；子房圆柱形。花期 7—8 月。

【秦岭分布】长安、山阳、商南，太白山。

【中国分布】陕西，华北、东北。

【生境】生于海拔 1200~1950 米间的山地林下。

花枝

【保护级别】易危。

【保护价值】药食同源植物，鳞茎含少量蛋白质、淀粉、脂肪及微量秋水仙碱，主治肺结核、咳嗽、痰中带血、失眠、神经衰弱、心烦不安等；茎、叶具有消炎止痛的作用；花朵十分美丽，具有很高的观赏价值，可作为花坛栽植及盆栽。

【保护措施】加强野生资源的迁地和就地保护，积极开展良种的繁育和栽培技术研究。

根和鳞茎

枝

叶

花

西藏洼瓣花

Lloydia tibetica Baker ex Oliv.

百合科 Liliaceae 顶冰花属 *Gagea*

花侧面

花序

生境

花正面

【特征】多年生草本。鳞茎顶端延长、开裂。基生叶 3~10；茎生叶 2~3，向上逐渐过渡为苞片。花被片黄色，有淡紫绿色脉；内花被片下部或近基部两侧各有 1~4 个鸡冠状褶片，内外花被片内面下部通常有长柔毛；雄蕊长约为花被片的一半，花丝除上部外均密生长柔毛；子房长 3~4 毫米；柱头近头状，稍 3 裂。花期 5—7 月。

【秦岭分布】宝鸡，太白山，鄠邑、佛坪、洋县等。

【中国分布】西藏、四川西部、湖北、陕西、甘肃南部和山西。

【生境】生于海拔 2500~3500 米间的山地林缘或岩石上。

【保护级别】陕西省重点保护野生植物。

【保护价值】鳞茎供药用。内服祛痰止咳，外用治痈肿疮毒及外伤出血。

【保护措施】加强就地保护，促进野生种群的自然生长与更新。

植株

假百合

Notholirion bulbuliferum (Lingelsh. ex H. Limpr.) Stearn

百合科 Liliaceae 假百合属 *Notholirion*

【特征】小鳞茎多数，卵形，淡褐色。茎近无毛。基生叶数枚，带形；茎生叶条状披针形。总状花序；苞片叶状，条形；花梗稍弯曲；花淡紫色或蓝紫色；花被片倒卵形或倒披针形，先端绿色；雄蕊与花被片近等长；子房淡紫色；花柱柱头3裂，裂片稍反卷。蒴果矩圆形或倒卵状矩圆形，有钝棱。花期7月，果期8月。

【秦岭分布】太白山，佛坪、洋县、留坝。

【中国分布】西藏、云南、四川、陕西和甘肃。

叶

花序

【生境】生于海拔 2500~3600 米间的山地灌草丛中。

【保护级别】陕西省重点保护野生植物。濒危。

【保护价值】干燥鳞茎为名贵中草药太白米，具宽胸利气、健胃、镇痛等功效。

【保护措施】加强就地保护，促进野生种群的自然生长与更新。

生境

无柱兰

Amitostigma gracile (Blume) Schltr.
合欢山兰、小雏兰、细葶无柱兰
兰科 Orchidaceae 小红门兰属 *Ponerorchis*

叶

【特征】陆生草本。块茎卵形或长圆状椭圆形；茎近基部具 1 叶，其上具 1~2 小叶；叶窄长圆形、椭圆状长圆形或卵状披针形。花序具 5 至 20 偏向一侧的花；苞片卵状披针形或卵形子房扭转；花粉红或紫红色；花瓣斜椭圆形或斜卵形；唇瓣较萼片和花瓣大，基部楔形，具距，中部以上 3 裂，侧裂片镰状线形、长圆形或三角形，中裂片倒卵状楔形；距圆筒状，下垂。花期 6—7 月，果期 9—10 月。

【秦岭分布】柞水、长安、旬阳、安康，宁陕、佛坪、洋县、宁强等。

【中国分布】辽宁、河北、陕西、山东、江苏、安徽、浙江、福建、台湾、河南、湖北、湖南、广西东北部、四川、贵州东南部。

【生境】生于海拔 1000~1300 米间的山地林下潮湿处。

【保护级别】陕西省重点保护野生植物。CITES：II。

【保护价值】本属中最原始的种类，也是本属中唯一的广布种。有利于研究兰科植物种群地理分布和分化，有重要的科研价值。

【保护措施】加强就地保护，促进野生种群的自然生长与更新。

花

植株

花序　　　果序　　　成熟果实

生境

黄花白及

Bletilla ochracea Schltr.

兰科 Orchidaceae 白及属 *Bletilla*

【特征】多年生草本。假鳞茎扁斜卵形，上面具荸荠似的环带；茎常具 4 枚叶。叶长圆状披针形。花序常不分枝或极罕分枝；花序轴或多或少呈"之"字状折曲；花苞片开花时凋落；花中等大，黄色或萼片和花瓣外侧黄绿色，内面黄白色，罕近白色；萼片和花瓣近等长，背面常具细紫点；唇瓣椭圆形，白色或淡黄色；侧裂片直立，斜的长圆形，围抱蕊柱；中裂片近正方形，边缘微波状，先端微凹；唇盘上面具 5 条纵脊状褶片；柱状蕊柱，具狭翅。花期 6—7 月。

【秦岭分布】山阳、宁陕、汉阴、石泉、佛坪、洋县、宁强、留坝、略阳等。

【中国分布】陕西南部、甘肃东南部、河南、湖北、湖南、广西、四川、贵州和云南。

【生境】生于海拔 1000~2000 米间的山地林下。

【保护级别】陕西省重点保护野生植物。濒危。CITES：II。

【保护价值】假鳞茎可药用，具有润肺止咳、收敛止血、消肿生肌等功效；同时，具有很高的观赏价值。

【保护措施】加大宣传力度，严禁非法盗挖野生资源；加强就地保护，促进野生种群的自然生长与更新；保存优质种源，积极开展良种的繁育和栽培技术研究。

果枝

花和果实

花

生境

白及

Bletilla striata (Thunb.) Rchb. f.
白芨
兰科 Orchidaceae 白及属 *Bletilla*

【特征】地生草本。茎基部具膨大的扁球形假鳞茎；茎粗壮，劲直。叶4~6，狭长圆形或披针形。花序常不分枝，花序轴呈"之"字状；花紫红色或粉红色；萼片和花瓣近等长；唇瓣较萼片和花瓣稍短，倒卵状椭圆形，白色带紫红色，具紫色脉；唇盘上面具5条纵褶片；蕊柱细长，柱头1，位于蕊喙之下。蒴果长圆状纺锤形，直立。花期4—5月，果期6—8月。

【秦岭分布】太白、凤县、商南、山阳、宁陕、佛坪、洋县、留坝等。

【中国分布】陕西南部、甘肃东南部、江苏、安徽、浙江、江西、福建、湖北、湖南、广东、广西、四川和贵州。

【生境】生于海拔600~1350米间的山地草丛或林下。

【保护级别】国家二级重点保护野生植物。濒危。CITES：II。

【保护价值】我国传统的药用植物，兼具药用和观赏价值。

【保护措施】加大宣传力度，严禁非法盗挖野生资源；加强就地保护，促进野生种群的自然生长与更新；保存优质种源，积极开展良种的繁育和栽培技术研究。

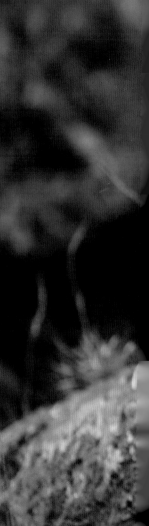

花枝

花枝

花正面

果实

成熟果实

生境

河南卷瓣兰

Bulbophyllum henanense J. L. Lu

兰科 Orchidaceae 石豆兰属 *Bulbophyllum*

【**特征**】附生草本。根状茎匍匐；假鳞茎卵球形，具纵条棱，顶生1枚叶。叶片革质，卵状长圆形。花葶从假鳞茎基部发出，与假鳞茎近等长；伞形花序；花小，萼片黄色；中萼片卵形，先端稍钝，具3条脉，背面基部和边缘具长柔毛；侧萼片狭长圆形，具1条脉，边缘全缘，先端稍钝；花瓣紫红色，倒卵状长圆形，先端圆钝，具3条脉，边缘具长柔毛；唇瓣紫红色，肉质，三角状披针形。花期5—6月。

【**秦岭分布**】宁陕、洋县等。

【**中国分布**】河南、陕西。

【**生境**】生于海拔800~1100米的山地林中树干上或岩壁上。

【**保护级别**】陕西省重点保护野生植物。易危。CITES：II。

【**保护价值**】全草入药，有祛风去湿、活血止痛之效；同时，具有一定的观赏价值。

【**保护措施**】加强就地保护，促进野生种群的自然生长与更新。

根、假鳞茎、叶和花

根、假鳞茎、叶和花

根和花

流苏虾脊兰

Calanthe alpina Hook. f. ex Lindl.
羽唇根节兰、高山虾脊兰
兰科 Orchidaceae 虾脊兰属 *Calanthe*

叶

花序

植株

果序

【特征】地生草本。假鳞茎短小，狭圆锥状，去年生的假鳞茎密被残留纤维。叶 3 枚，椭圆形或倒卵状椭圆形。花葶从叶间抽出，通常 1 个，直立，高出叶层之外，被稀疏的短毛；总状花序；花苞片宿存，狭披针形；子房稍粗并弧曲，疏被短毛；萼片和花瓣白色带绿色，先端或浅紫堇色；花瓣狭长圆形至卵状披针形；距浅黄色或浅紫堇色，圆筒形；蕊柱白色；蕊喙 2 裂。蒴果倒卵状椭圆形。花期 6—9 月，果期 11 月。

【秦岭分布】宝鸡、鄠邑、眉县、周至、凤县、太白、佛坪、洋县、留坝、略阳、柞水、宁陕等。

【中国分布】陕西、甘肃南部、台湾、四川、云南、西藏东南部和南部。

【生境】生于海拔 1100~2850 米间的山地林下。

【保护级别】陕西省重点保护野生植物。CITES：II。

【保护价值】该物种为太白七药"马牙七"的基原植物之一，具有清热解毒、散瘀止痛等功效。花色美丽，具有较高的观赏价值。

【保护措施】保存优质种源，积极开展良种的繁育和栽培技术研究。

花

弧距虾脊兰

Calanthe arcuata Rolfe

兰科 Orchidaceae 虾脊兰属 *Calanthe*

花序

花

生境

【特征】地生草本。根状茎不明显。假鳞茎短，圆锥形。叶狭椭圆状披针形或狭披针形，花葶直立，密被短毛；总状花序；苞片宿存，狭披针形；花梗和子房呈弧形弯曲，密被短毛，子房棒状；萼片和花瓣的背面黄绿色，内面红褐色；花瓣线形；唇瓣白色带紫色先端，后来转变为黄色；唇盘上具3~5条龙骨状脊；距圆筒形；蕊柱粗短；蕊喙2叉裂；裂片钻状；花药药帽在前端收狭，先端朝上翘起；花粉团稍扁的狭卵球形。蒴果近椭圆形。花期5—9月。

【秦岭分布】长安、眉县、宁陕、佛坪、宁强、洋县、留坝等。

【中国分布】陕西南部、甘肃南部、台湾、湖南、湖北西部、四川、贵州和云南西北部。

【生境】生于海拔1100~1900米间的山地林下。

【保护级别】陕西省重点保护野生植物。易危。CITES：II。

【保护价值】花形色美丽，具有较高的观赏价值。

【保护措施】保存优质种源，积极开展良种的繁育和栽培技术研究。

植株

剑叶虾脊兰

Calanthe davidii Franch.
长叶根节兰
兰科 Orchidaceae 虾脊兰属 *Calanthe*

【特征】地生草本。植株紧密聚生，无明显的假鳞茎和根状茎。叶剑形或带状。花葶出自叶腋，直立，粗壮，密被细花；花序之下疏生筒状鞘，鞘膜质；总状花序；苞片宿存，反折，狭披针形；花黄绿色、白色或有时带紫色；萼片和花瓣反折；萼片近椭圆形；花瓣狭长圆状倒披针形；唇盘在两侧裂片之间具鸡冠状褶片；距圆筒形，镰刀状弯曲，外面疏生毛，内面密生毛；蕊柱粗短；蕊喙 2 裂；药帽先端圆形。蒴果卵球形。花期 6—7 月，果期 9—10 月。

【秦岭分布】宁陕、佛坪、太白等。

【中国分布】陕西、甘肃南部、台湾、湖北、湖南西北部、四川、贵州、云南和西藏东南部。

【生境】生于海拔 720~1800 米间的山地林下。

【保护级别】陕西省重点保护野生植物。CITES：II。

【保护价值】该物种为太白七药"马牙七"的基原植物之一。根和假鳞茎均可药用，具有清热解毒、散瘀止痛等功效；同时，花色美丽，具有较高的观赏价值。

【保护措施】加强就地保护，促进野生种群的自然生长与更新。

叶

花序

花

生境

三棱虾脊兰

Calanthe tricarinata Lindl.
三板根节兰
兰科 Orchidaceae 虾脊兰属 *Calanthe*

【特征】地生草本。根状茎不明显。假鳞茎圆球状。叶在花期时尚未展开，薄纸质，椭圆形或倒卵状披针形，背面密被短毛。花葶高出叶层外被短毛；总状花序；花苞片宿存；花梗和子房密被短毛，子房棒状；萼片和花瓣浅黄色；萼片长圆状披针形；花瓣倒卵状披针形，基部收狭为爪，具 3 条脉；唇瓣红褐色，基部合生于整个蕊柱翅上；侧裂片小，耳状或近半圆形；中裂片肾形；唇盘上具 3~5 条鸡冠状褶片，无距；蕊柱粗短，腹面疏生毛；蕊喙裂片三角形。花期 5—6 月。

【秦岭分布】太白山，留坝、柞水、佛坪、洋县、略阳等。

【中国分布】陕西、甘肃、台湾、湖北、四川、贵州、云南和西藏。

【生境】生于海拔 1100~2200 米间的山地林下。

【保护级别】陕西省重点保护野生植物。CITES：II。

【保护价值】根及根状茎具有舒筋活络、祛风除湿、止痛之效。三棱虾脊兰具有较高的观赏价值。

【保护措施】加大宣传力度，严禁非法盗挖野生资源；加强就地保护，促进野生种群的自然生长与更新；保存优质种源，积极开展良种的繁育和栽培技术研究。

植株

花

子房

成熟果实

生境

长角布袋兰

Calypso bulbosa (L.) Oakes

兰科 Orchidaceae 布袋兰属 *Calypso*

【特征】地生小草本。假鳞茎近椭圆形、狭长圆形或近圆筒状，有节，常有细长的根状茎。叶 1 枚，卵形或卵状椭圆形；叶柄长 2~3 厘米。花葶明显长于叶，中下部具筒状鞘；花苞片膜质，披针形，下部圆筒状并围抱花梗和子房；花梗和子房纤细；花单朵；萼片与花瓣相似，向后伸展，线状披针形，先端渐尖；唇瓣扁囊状；侧裂片半圆形；中裂片向前延伸，呈铲状，基部有髯毛；蕊柱两侧有宽翅，倾覆于囊口。花期 4—6 月。

【秦岭分布】眉县、太白、宁陕、佛坪。

【中国分布】陕西、吉林、内蒙古东北部、甘肃南部和四川西北部。

【生境】生于海拔 1800~2745 米间的山地林下。

【保护级别】陕西省重点保护野生植物。易危。CITES：II。

【保护价值】叶片秀雅，花形奇特，造型别致，具有较高的观赏价值。

【保护措施】加强就地保护，促进野生种群的自然生长与更新。

花背面

花正面

植株

银兰

植株

花正面

生境

花序

【特征】地生草本。茎纤细，中部以上具 2~4 叶。叶片椭圆形至卵状披针形。总状花序；花序轴有棱；花苞片小，狭三角形至披针形，但最下面 1 枚常为叶状；花白色；萼片长圆状椭圆形；花瓣与萼片相似，但稍短；唇瓣基部有距；侧裂片卵状三角形或披针形，多少围抱蕊柱；中裂片近心形或宽卵形；距圆锥形。蒴果狭椭圆形或宽圆筒形。花期 4—6 月，果期 8—9 月。

【秦岭分布】太白、商洛，柞水、山阳、佛坪、宁陕等。

【中国分布】陕西南部、甘肃南部、安徽、浙江、江西、台湾、湖北、广东北部、广西北部、四川和贵州。

【生境】生于海拔 700~2150 米间的山地林下。

【保护级别】陕西省重点保护野生植物。CITES：II。

【保护价值】具有一定的观赏和药用价值。

【保护措施】加大宣传力度，严禁非法盗挖，促进野生种群的自然生长与更新。

花侧面

植株

头蕊兰

Cephalanthera longifolia (L.) Fritsch
长叶头蕊兰、台湾头蕊兰、高山头蕊兰
兰科 Orchidaceae 头蕊兰属 *Cephalanthera*

【特征】地生草本。茎直立。叶片披针形、宽披针形或长圆状披针形，基部抱茎。总状花序；花苞片线状披针形至狭三角形；花白色，稍开放或不开放；萼片狭菱状椭圆形或狭椭圆状披针形；花瓣近倒卵形；唇瓣基部具囊；侧裂片近卵状三角形；中裂片三角状心形，近顶端处密生乳突；唇瓣基部的囊短而钝；蕊柱长 4~5 毫米。蒴果椭圆形。花期 5—6 月，果期 9—10 月。

【秦岭分布】渭南，华阴、长安、鄠邑、周至、眉县、太白、山阳、佛坪、宁陕等。

【中国分布】山西南部、陕西南部、甘肃南部、河南西部、湖北西部、四川西部、云南西北部和西藏南部至东南部。

【生境】生于海拔 850~2400 米间的山地林下。

【保护级别】陕西省重点保护野生植物。CITES：II。

【保护价值】具有一定的观赏和药用价值。

【保护措施】加大宣传力度，严禁非法盗挖野生资源，促进野生种群的自然生长与更新。

花

植株

枝

花序

生境

戟唇叠鞘兰

Chamaegastrodia vaginata (Hook. f.) Seidenfaden

兰科 Orchidaceae 叠鞘兰属 *Chamaegastrodia*

【特征】腐生草本，株高 4~6 厘米。根粗壮，肉质，排生于短的根状茎上。茎暗红色，直立，具数枚暗红色的鞘状鳞片，无绿色叶。总状花序，苞片暗红色，与子房近等长；子房圆柱形，褐红色，不扭转；花小，暗红色；花瓣狭长圆形至长圆状披针形；唇瓣楔形或近楔状长圆形，基部凹陷；蕊柱粗短，前面两侧各具 1 枚齿状狭披针形的附属物；花药宽卵形；基部宽，无花丝，无裂片；花粉团共同具 1 枚狭长圆形的粘盘；柱头 2 个，离生。花期 8 月。

【秦岭分布】镇安、宁陕。

【中国分布】陕西、湖北、四川。

植株

花序

【生境】生于海拔 1000~1710 米的山谷林下阴湿处。

【保护级别】陕西省重点保护野生植物。近危。CITES：II。

【保护价值】腐生兰科植物是兰科植物中的高级进化类群，是兰科植物中生活方式最特殊且与真菌关系最密切的一个生态类群，在系统发育中占有重要地位；对进一步研究植物地理、兰科植物起源及演化有极其重要的意义。

【保护措施】加强就地保护，促进野生种群的自然生长与更新。

植株

果序

珊瑚兰

Corallorhiza trifida Châtel.

兰科 Orchidaceae 珊瑚兰属 *Corallorhiza*

【特征】腐生小草本。根状茎肉质，多分枝，珊瑚状。茎直立，圆柱形，红褐色，无绿叶；鞘圆筒状，抱茎，红褐色。总状花序；花苞片常近长圆形；花淡黄色或白色；中萼片狭长圆形或狭椭圆形；侧萼片与中萼片相似，略斜歪；花瓣近长圆形；唇瓣近长圆形或宽长圆形；侧裂片较小，直立；中裂片近椭圆形或长圆形；唇盘上有 2 条肥厚的纵褶片从下部延伸到中裂片基部；蕊柱较短，两侧具翅。蒴果下垂，椭圆形。花果期 6—8 月。

【秦岭分布】眉县、太白、佛坪。

生境

【中国分布】陕西、吉林、内蒙古、河北、甘肃、青海、新疆和四川。

【生境】生于海拔 2900 米左右的山地林下或灌丛中。

【保护级别】陕西省重点保护野生植物。近危。CITES：II。

【保护价值】腐生兰科植物，对进一步研究植物地理、兰科植物起源及演化有极其重要的意义。

【保护措施】加强就地保护，促进野生种群的自然生长与更新。

花蕾　　花序　　花　　植株

赤柱杜鹃兰

Cremastra appendiculata (D. Don) Makino var. *variabilis* (Blume) I.D. Lund
翅柱杜鹃兰
兰科 Orchidaceae 杜鹃兰属 *Cremastra*

花

植株

假鳞茎和叶

【特征】地生草本。地下具球形假鳞茎；外被撕裂成纤维状的残存鞘。叶通常1，生于假鳞茎顶端，狭椭圆形。花葶从假鳞茎上部节上发出，总状花序；花常偏花序一侧，多少下垂，不完全开放，狭钟形，淡紫褐色；萼片倒披针形，花瓣倒披针形或狭披针形，唇瓣与花瓣近等长，线形。蒴果近椭圆形，下垂。花期5—6月，果期9—12月。

【秦岭分布】宝鸡，长安、华阴、周至、眉县、太白、柞水、佛坪、宁陕等。

【中国分布】山西南部、陕西南部、甘肃南部、江苏、安徽、浙江、江西、台湾、河南、湖北、湖南、广东北部、四川、贵州、云南西南部至东南部和西藏。

【生境】生于海拔700~2300米间的山地林下阴湿处。

【保护级别】国家二级重点保护野生植物。易危。CITES：II。

【保护价值】该物种为太白七药"算盘七"的基原植物，具有清热解毒、活血镇痛、润肺止咳的功效；同时，具有很高的观赏价值。

【保护措施】加强迁地和就地保护，积极开展珍稀濒危植物的保护生物学研究；保存优质种源，积极开展良种的繁育和栽培研究。

叶

幼果

成熟果实

蕙兰

Cymbidium faberi Rolfe
云南美冠兰
兰科 Orchidaceae 兰属 *Cymbidium*

【**特征**】地生草本。假鳞茎不明显。叶带形，基部常对折而呈 V 形，叶脉透亮，边缘常有粗锯齿。花葶从叶丛基部最外面的叶腋抽出；总状花序；花常为浅黄绿色，唇瓣有紫红色斑；萼片近披针状长圆形或狭倒卵形，花瓣与萼片相似；唇瓣长圆状卵形；蕊柱稍向前弯曲，两侧有狭翅；花粉团 4 个，成 2 对，宽卵形。蒴果近狭椭圆形。花期 4—5 月，果期 6—8 月。

【**秦岭分布**】安康，商南、商州、山阳、宁陕、太白、佛坪、洋县、宁强等。

【**中国分布**】长江流域、西南和华南地区。

【**生境**】生于海拔 600~1350 米间的山地林下。

【**保护级别**】国家二级重点保护野生植物。CITES：II。

【**保护价值**】我国传统名贵花卉，栽培历史悠久。花色素净，花香浓郁，具有较高的观赏价值和经济价值。

【**保护措施**】加大宣传力度，严禁非法盗挖野生资源，促进野生种群的自然生长与更新；保存优质种源，积极开展良种的繁育和栽培研究。

花序

花和果实

花

植株

春兰

Cymbidium goeringii (Rchb.f.) Rchb.f.
兰花、朵朵香、草兰
兰科 Orchidaceae 兰属 *Cymbidium*

【特征】地生植物。假鳞茎较小，卵球形；叶带形，短小。花葶从假鳞茎基部外侧叶腋中抽出，直立，明显短于叶；花序具单朵花；常绿色或淡褐黄色而有紫褐色脉纹；萼片近长圆形至长圆状倒卵形；花瓣倒卵状椭圆形至长圆状卵形；唇瓣近卵形，蕊柱两侧有较宽的翅；花粉团4个，成2对。蒴果狭椭圆形。花期2—4月，果期6—8月。

【秦岭分布】石泉、汉阴、佛坪、洋县等。

【中国分布】长江流域、西南及华南部分省区。

【生境】生于海拔500~1500米间的山地林下。

【保护级别】国家二级重点保护野生植物。易危。CITES：Ⅱ。

【保护价值】我国传统名贵花卉，栽培历史悠久。花色素净，花香浓郁，具有较高的观赏价值和经济价值。

【保护措施】加大宣传力度，严禁非法盗挖野生资源，促进种群的自然生长与更新；保存优质种源，积极开展良种的繁育和栽培研究。

花正面

植株

花侧面

成熟果实

果实

生境

黄花杓兰

Cypripedium flavum P. F. Hunt & Summerh.

兰科 Orchidaceae 杓兰属 *Cypripedium*

【特征】地生草本。植株高 30~50 厘米，具粗短的根状茎。茎直立，密被短柔毛，基部具数枚鞘，鞘上方具 3~6 叶。叶片椭圆形至椭圆状披针形，先端急尖或渐尖。花序顶生，通常具 1 花；花黄色，有时有红色晕，唇瓣上偶见栗色斑点；中萼片椭圆形至宽椭圆形；合萼片宽椭圆形；花瓣长圆形至长圆状披针形；唇瓣深囊状，椭圆形，两侧和前沿均有较宽阔的内折边缘，囊底具长柔毛；退化雄蕊近圆形或宽椭圆形，基部近无柄，下面略有龙骨状突起，上面有明显的网状脉纹。蒴果狭倒卵形。花果期 6—9 月。

【秦岭分布】宁陕。

【中国分布】甘肃南部、湖北西部（房县）、四川、陕西、云南西北部和西藏东南部。

【生境】生于海拔 1800~2350 米的林下、林缘、灌丛中或草地上多石湿润之地。

【保护级别】国家二级重点保护野生植物。易危。CITES：II。

【保护价值】花型独特，花色鲜艳，极具观赏价值。

【保护措施】加大宣传力度，严禁非法盗挖野生资源；加强就地保护，促进种群的自然生长与更新；保存优质种源，积极开展良种的繁育和栽培技术研究。

植株

花正面

花侧面

生境

毛杓兰

Cypripedium franchetii E. H. Wilson

兰科 Orchidaceae 杓兰属 *Cypripedium*

【特征】地生草本。具粗壮的根状茎；茎直立，密被长柔毛；基部具数枚鞘，鞘上方有 3~5 椭圆形的叶。花序顶生，具 1 淡紫红色至粉红色花，花瓣披针形，唇瓣深囊状，椭圆形或近球形，蕊柱短，圆柱形，具 2 枚侧生的能育雄蕊、1 枚位于上方的退化雄蕊和 1 个位于下方的柱头；花药 2 室；柱头肥厚。花期 5—7 月，果期 8—9 月。

【秦岭分布】秦岭南北坡。

【中国分布】甘肃南部、山西南部、陕西、河南西部、湖北西部和四川东北部至西北部。

生境

【生境】生于海拔 1000~3300 米间的山地林下或草丛。

【保护级别】国家二级重点保护野生植物。易危。CITES：II。

【保护价值】毛杓兰为太白七药"蜈蚣七"的基原植物之一，具有利水消肿、祛湿、活血之功效。此外，花叶俱佳，具有较高观赏价值。

【保护措施】加大宣传力度，严禁非法盗挖野生资源；加强就地保护，促进种群的自然生长与更新；保存优质种源，积极开展良种的繁育和栽培技术研究。

花

植株

绿花杓兰 | *Cypripedium henryi* Rolfe

兰科 Orchidaceae 杓兰属 *Cypripedium*

【特征】地生草本。具粗短的根状茎；茎直立，基部具数枚鞘，鞘上方具4~5叶；叶片椭圆状至卵状披针形。花序顶生，通常具 2~3 花；花绿色至绿黄色；中萼片卵状披针形，花瓣线状披针形，唇瓣深囊状，椭圆形，囊底有毛，退化雄蕊椭圆形或卵状椭圆形。蒴果近椭圆形。 花期 4—6 月，果期 7—9 月。

【秦岭分布】周至、镇安、宁陕、洋县、留坝等。

【中国分布】山西、甘肃、陕西、湖北、四川、贵州和云南等。

【生境】生于海拔 1000~2800 米的山地林下。

【保护级别】国家二级重点保护野生植物。近危。CITES：II。

【保护价值】绿花杓兰为太白七药"金龙七"的基原植物，具有理气行血、消肿止痛等功效。此外，花叶俱佳，具有较高观赏价值。

【保护措施】加大宣传力度，严禁非法盗挖野生资源；加强就地保护，促进种群的自然生长与更新；保存优质种源，积极开展良种的繁育和栽培技术研究。

植株

植株

花枝

花

生境

扇脉杓兰

Cypripedium japonicum Thunb.

兰科 Orchidaceae 杓兰属 Cypripedium

【特征】地生草本。具长的、横走的根状茎；茎直立，基部具数枚鞘，顶端通常生 2 近对生的叶，叶片扇形。花序顶生，具 1 俯垂的花；萼片和花瓣淡黄绿色，基部多少有紫色斑点，唇瓣淡黄绿色至淡紫白色，有紫红色斑点和条纹，唇瓣下垂，囊状，近椭圆形或倒卵形；退化雄蕊椭圆形。蒴果近纺锤形。花期 4—5 月，果期 6—10 月。

【秦岭分布】太白、宁陕、佛坪、洋县、留坝、略阳等。

【中国分布】陕西南部、甘肃南部、安徽、浙江、江西、湖北、湖南、四川和贵州等。

【生境】生于海拔 1000~2800 米间的山地林下和林缘。

【保护级别】国家二级重点保护野生植物。CITES：II。

【保护价值】扇脉杓兰为太白七药"扇子七"的基原植物，具有理气活血、截疟、解毒的功效。此外，花叶奇特，具有较高观赏价值。

【保护措施】加大宣传力度，严禁非法盗挖野生资源；加强就地保护，促进种群的自然生长与更新；保存优质种源，积极开展良种的繁育和栽培技术研究。

植株

叶和幼果

花

幼果

生境

太白杓兰

Cypripedium taibaiense G.H. Zhu & X.Qi Chen

兰科 Orchidaceae 杓兰属 *Cypripedium*

【特征】地生草本。具粗壮根状茎。茎直立，基部具数枚鞘，鞘上方常具 3 叶。叶片椭圆形或卵状椭圆形，无毛或疏被微柔毛，边缘具细缘毛。花序顶生，具 1 花；苞片叶状；花梗和子房无毛或上部偶见短柔毛；花紫色、紫红色或暗栗色，常有淡绿黄色的斑纹；花瓣披针形或长圆状披针形，内表面基部密生短柔毛；唇瓣深囊状，近球形至椭圆形，囊底有长毛；退化雄蕊有龙骨状突起，基部近无柄。花期 5—8 月，果期 9—10 月。

【秦岭分布】周至、眉县、太白、留坝、佛坪、洋县等。

植株

花正面

果实

生境

花侧面

【中国分布】四川、陕西。

【生境】生于海拔 2600~3300 米的山坡草地。

【保护级别】国家二级重点保护野生植物。濒危。CITES：II。

【保护价值】花形奇特，花色艳丽，具有较高观赏价值。

【保护措施】加大宣传力度，严禁非法盗挖野生资源；加强就地保护，促进种群的自然生长与更新；积极开展保护生物学研究。

血红肉果兰

Cyrtosia septentrionalis (Rchb. f.) Garay
红果山珊瑚

兰科 Orchidaceae 肉果兰属 *Cyrtosia*

【特征】腐生草本。植株较高大。根状茎粗壮，近横走，疏被卵形鳞片。茎直立，红褐色，上部被锈色短茸毛。花序顶生和侧生；花序轴被锈色短茸毛；总状花序基部的不育苞片呈卵状披针形；苞片卵形，背面被锈色毛；花梗和子房密被锈色短茸毛；花黄色，多少带红褐色；萼片椭圆状卵形，背面密被锈色短茸毛；花瓣与萼片相似，略狭；唇瓣近宽卵形，短于萼片，边缘有不规则齿缺或呈啮蚀状，内面沿脉上有毛状乳突或偶见鸡冠状褶片。果实肉质，血红色，近长圆形。种子周围有狭翅。花期5—7月，果期9月。

【秦岭分布】留坝。

【中国分布】安徽（岳西、金寨）、浙江、陕西（平利、镇坪、留坝）、河南西部（栾川）和湖南。

【生境】生于海拔1000~1300米的山坡林下。

【保护级别】陕西省重点保护野生植物。易危。CITES：Ⅱ。

【保护价值】在秦岭地区个体极为稀少，民间将其作为常用草药。

【保护措施】加强就地保护，促进种群的自然生长与更新。

种子

植株

果序

果实

果实横切

生境

凹舌掌裂兰

Dactylorhiza viridis (L.) R.M.Bateman, Pridgeon & M.W.Chase
台湾裂唇兰、绿花凹舌兰、长苞凹舌兰、凹舌掌裂兰
兰科 Orchidaceae 掌裂兰属 *Dactylorhiza*

枝叶

花序

花

生境

成熟果实

【特征】地生草本。块茎肉质，前部呈掌状分裂。茎直立，基部具筒状鞘，鞘之上具叶，叶之上常具 1 至数枚苞片状小叶，叶常 3~4，叶片狭倒卵状长圆形、椭圆形或椭圆状披针形，基部收狭成抱茎的鞘。总状花序；花苞片线形或狭披针形；花绿黄色或绿棕色；萼片基部常稍合生；花瓣直立，线状披针形；唇瓣下垂，基部具囊状距，上面在近部的中央有 1 条短的纵褶片，前部 3 裂；距卵球形；子房纺锤形，扭转。蒴果椭圆形。花期 5—8 月，果期 9—10 月。

【秦岭分布】华阴、蓝田、鄠邑、长安、眉县、太白、商洛、柞水、宁陕、石泉、佛坪、留坝、凤县等。

【中国分布】黑龙江、吉林、辽宁、内蒙古、河北、山西、陕西、宁夏、甘肃、青海、新疆、台湾、河南、湖北、四川、云南西北部和西藏东北部。

【生境】生于海拔 1100~2950 米间的山地林下或灌丛。

【保护级别】陕西省重点保护野生植物。CITES：II。

【保护价值】块茎入药，有补益气血、生津止渴等功效。此外，具有较高的观赏价值。

【保护措施】加大宣传力度，严禁非法盗挖野生资源；加强就地保护，促进种群的自然生长与更新；保存优质种源，积极开展良种的繁育和栽培技术研究。

植株

火烧兰

Epipactis helleborine (L.) Crantz.
台湾铃兰、小花火烧兰、台湾火烧兰、青海火烧兰
兰科 Orchidaceae 火烧兰属 *Epipactis*

枝

【特征】地生草本。根状茎粗短。茎上部被短柔毛，下部无毛，具鳞片状鞘。叶互生；叶片卵圆形、卵形至椭圆状披针形；向上叶逐渐变窄而成披针形或线状披针形。总状花序；花苞片叶状，线状披针形；花绿色或淡紫色；花瓣椭圆形；唇瓣中部明显缢缩；下唇兜状；上唇近三角形或近扁圆形。蒴果倒卵状椭圆状，具极疏的短柔毛。花期 7 月，果期 9 月。

【秦岭分布】周至、眉县、太白、商洛、山阳、佛坪、宁陕、留坝等。

【中国分布】辽宁、河北、山西、陕西、甘肃、青海、新疆、安徽、湖北、四川、贵州、云南和西藏。

【生境】生于海拔 900~2900 米间的山地草丛、灌丛或林缘。

【保护级别】陕西省重点保护野生植物。CITES：II。

【保护价值】根可入药，具有理气行血、补肾强腰、散瘀止痛的功效。此外，具有较高的观赏价值。

【保护措施】加强就地保护，促进种群的自然生长与更新；积极开展保护生物学研究。

花蕾

花侧面

花正面

生境

大叶火烧兰

Epipactis mairei Schltr.

兰科 Orchidaceae 火烧兰属 *Epipactis*

【特征】地生草本。根状茎粗短；茎直立，上部和花序轴被锈色柔毛。叶互生，叶片卵圆形、卵形至椭圆形，基部延伸成鞘状抱茎。总状花序；花苞片椭圆状披针形；子房和花梗被黄褐色或绣色柔毛；花黄绿带紫色、紫褐色或黄褐色，下垂；中萼片舟形；侧萼片斜卵状披针形或斜卵形；花瓣长椭圆形或椭圆形；唇瓣中部稍缢缩而成上下唇；下唇两侧裂片近斜三角形；上唇肥厚，卵状椭圆形、长椭圆形或椭圆形。蒴果椭圆状。花期 6—7 月，果期 9 月。

【秦岭分布】商洛，鄠邑、眉县、太白、凤县、商南、山阳、宁陕、石泉、佛坪、洋县等。

【中国分布】陕西、甘肃、湖北、湖南、四川西部、云南西北部、西藏。

叶

花序

花

【生境】生于海拔 1400~2700 米间的山地草丛、灌丛或林下。

【保护级别】陕西省重点保护野生植物。近危。CITES：II。

【保护价值】大叶火烧兰为太白七药"牌楼七"的基原植物，具有行气活血、清热解毒等功效；同时，具有较高的观赏价值。

【保护措施】加大宣传力度，严禁非法盗挖野生资源；加强就地保护，促进种群的自然生长与更新；保存优质种源，积极开展良种的繁育和栽培技术研究。

生境

裂唇虎舌兰

Epipogium aphyllum (F. W. Schmidt) Sw.

兰科 Orchidaceae 虎舌兰属 *Epipogium*

【特征】腐生草本。地下具分枝的、珊瑚状的根状茎。茎直立，淡褐色，肉质，无绿叶，具数枚膜质鞘；鞘抱茎。总状花序顶生；花苞片狭卵状长圆形；花梗纤细；子房膨大；花黄色而带粉红色或淡紫色晕，多少下垂；萼片披针形或狭长圆状披针形；花瓣与萼片相似；唇瓣近基部 3 裂；距粗大，末端浑圆；蕊柱粗短。花期 8—9 月。

【秦岭分布】眉县、太白、周至。

【中国分布】黑龙江、吉林、辽宁、内蒙古东北部、陕西、山西、甘肃南部、新疆、四川西北部、云南西北部和西藏东南部。

生境

【生境】生于海拔 2600~3200 米间的山坡林下。

【保护级别】陕西省重点保护野生植物。濒危。CITES：II。

【保护价值】腐生兰科植物对进一步研究植物地理、兰科植物起源及演化有极其重要的意义，亦具有较高的观赏价值。

【保护措施】加大宣传力度，加强就地保护，促进野生种群的自然生长与更新。

花序

花侧面

枝

花正面

毛萼山珊瑚

Galeola lindleyana (Hook. f. & J.W. Thomson) Rchb. f.

兰科 Orchidaceae 山珊瑚属 *Galeola*

【特征】半灌木状腐生草本。根状茎粗厚，疏被卵形鳞片。茎直立，红褐色。圆锥花序由顶生与侧生总状花序组成；总状花序基部的不育苞片卵状披针形；花梗和子房密被锈色短茸毛；花黄色；萼片椭圆形至卵状椭圆形，背面密被锈色短茸毛并具龙骨状突起；花瓣宽卵形至近圆形；唇瓣凹陷成杯状，边缘具短流苏，内面被乳突状毛；蕊柱棒状。果实近长圆形，淡棕色。种子有宽翅。花期5—8月，果期9—10月。

【秦岭分布】周至、商南、宁陕、石泉、佛坪、洋县、勉县、宁强等。

【中国分布】陕西南部、安徽、河南、湖南、广东西部、广西中北部、四川、贵州、云南和西藏东南部。

【生境】生于海拔1600~1800米间的山地林下。

【保护级别】陕西省重点保护野生植物。CITES：II。

【保护价值】腐生兰科植物对进一步研究植物地理、兰科植物起源及演化有极其重要的意义，亦具有较高的观赏价值。

【保护措施】加大宣传力度，加强就地保护，促进野生种群的自然生长与更新。

花

花序

植株　　　花序　　　花序

生境

天麻

Gastrodia elata Blume
赤箭、绿天麻、乌天麻、黄天麻、松天麻
兰科 Orchidaceae 天麻属 *Gastrodia*

块茎

茎

花序

生境

花

植株

【特征】腐生兰类的代表。块茎横生，肉质。茎黄褐色，节上具鞘状鳞片。总状花序，花苞片膜质，披针形；花淡绿黄色或肉黄色，萼片与花瓣合生成斜歪筒，口偏斜，顶端5裂，裂片三角形，钝头；唇瓣白色，3裂，中裂片舌状，具乳突，上部反曲，基部贴生于花被筒内壁上，有一对肉质突起，侧裂片耳状；合蕊柱顶端具2个小的附属物；子房倒卵形，子房柄扭转。花期6—7月，果期7—8月。

【秦岭分布】秦岭南北坡。

【中国分布】东北、华北、长江流域及西南地区。

【生境】生于海拔1000~2200米的山坡、山谷或山梁林下。

【保护级别】国家二级重点保护野生植物。

【保护价值】天麻是一种名贵的中药，对多种疾病均有疗效，与其共生的蜜环菌也能药用。它是腐生植物，对进一步研究植物地理、兰科植物起源及演化有极其重要的意义，亦具有较高的观赏价值。

【保护措施】加强迁地和就地保护，积极开展保护生物学研究；保存优质种源，积极开展良种的繁育和栽培技术研究。

大花斑叶兰

Goodyera biflora (Lindl.) Hook. f.
大斑叶兰、双花斑叶兰、长花斑叶兰
兰科 Orchidaceae 斑叶兰属 *Goodyera*

叶

【特征】地生草本。根状茎伸长，匍匐，具节。茎直立，具 4~5 叶。叶片卵形或椭圆形；叶柄基部扩大成抱茎的鞘。花茎很短，被短柔毛；总状花序，常偏向一侧；花苞片披针形，背面被短柔毛；子房圆柱状纺锤形，被短柔毛；花长管状，白色或带粉红色；萼片线状披针形，背面被短柔毛，先端稍钝，中萼片与花瓣黏合呈兜状；花瓣白色；唇瓣白色，线状披针形，基部凹陷呈囊状，内面具多数腺毛；蕊柱短；花药三角状披针形；柱头 1。花期 2—7 月。

【秦岭分布】周至、眉县、太白、佛坪、洋县、宁陕等。

【中国分布】陕西南部、甘肃南部、江苏、安徽、浙江、台湾、河南南部、湖北、湖南、广东、四川、贵州、云南、西藏。

【生境】生于海拔 1000~2000 米的山地林下阴湿处。

【保护级别】陕西省重点保护野生植物。近危。CITES：II。

【保护价值】全草可药用，亦可栽培供观赏。

【保护措施】加强迁地和就地保护，积极开展保护生物学研究；保存优质种源，积极开展良种的繁育和栽培技术研究。

花

植株

果实

生境

小斑叶兰

Goodyera repens (L.) R. Br.
南投斑叶兰、匍枝斑叶兰、袖珍斑叶兰
兰科 Orchidaceae 斑叶兰属 *Goodyera*

生境

【特征】地生草本。根状茎伸长，茎状，匍匐，具节。茎直立。叶片卵形或卵状椭圆形，具柄，基部扩大成抱茎的鞘。花茎直立或近直立，被白色腺状柔毛；总状花序，花偏向一侧；花苞片披针形；子房圆柱状纺锤形，被疏的腺状柔毛；花小，白色或带绿色或带粉红色，半张开；萼片背面被或多或少腺状柔毛，具1条脉；花瓣斜匙形；唇瓣卵形，基部凹陷呈囊状；蕊柱短；蕊喙叉状2裂；柱头1。花期7—8月。

【秦岭分布】商洛，华阴、眉县、太白、柞水、山阳、佛坪、洋县等。

【中国分布】黑龙江、吉林、辽宁、内蒙古、河北、山西、陕西、甘肃、青海、新疆、安徽、台湾、河南、湖北、湖南、四川、云南、西藏。

【生境】生于海拔980~1700米间的山地林下或岩石上。

【保护级别】陕西省重点保护野生植物。CITES：II。

【保护价值】全草可药用，具补肺益肾、散肿止痛之效。

【保护措施】加大宣传力度，加强就地保护，促进野生种群的自然生长与更新。

叶

花序

斑叶兰

Goodyera schlechtendaliana Rchb.f.
白花斑叶兰、大斑叶兰、花格斑叶兰
兰科 Orchidaceae 斑叶兰属 Goodyera

【特征】地生草本。根状茎伸长，匍匐，具节。茎直立。叶片卵形或卵状披针形，具柄，基部扩大成抱茎的鞘。花茎直立，具鞘状苞片；总状花序，疏生近偏向一侧的花；花苞片披针形，背面被短柔毛；子房圆柱形，被长柔毛；花较小，白色或带粉红色，半张开；萼片背面被柔毛；花瓣菱状倒披针形；唇瓣卵形，基部凹陷呈囊状，内面具多数腺毛；蕊柱短；花药卵形，渐尖；蕊喙直立，叉状2裂；柱头1，位于蕊喙之下。花期8—10月。

【秦岭分布】太白、华阴、洋县、镇安等。

【中国分布】山西、陕西南部、甘肃南部、江苏、安徽、浙江、江西、福建、台湾、河南南部、湖北、湖南、广东、海南、广西、四川、贵州、云南、西藏。

【生境】生于海拔1000~2800米的山坡或沟谷林下。

【保护级别】陕西省重点保护野生植物。近危。CITES：II。

【保护价值】全株入药，对肺痨咳嗽、头晕乏力、神经衰弱、跌打损伤、骨节疼痛、咽喉肿痛和毒蛇咬伤等有一定疗效。

【保护措施】加大宣传力度，加强就地保护，促进野生种群的自然生长与更新。

叶

花正面

花侧面

植株

裂唇舌喙兰

Hemipilia henryi Rolfe
四川舌喙兰
兰科 Orchidaceae 舌喙兰属 *Hemipilia*

叶

【特征】地生草本。块茎椭圆状。茎在基部通常具1筒状膜质鞘，鞘上方常具1叶。叶片卵形，抱茎；鞘状退化叶披针形。总状花序；苞片披针形；子房线形；花紫红色；中萼片卵状椭圆形；侧萼片上面被细小的乳突；花瓣斜菱状卵形；唇瓣宽倒卵状楔形，3裂，上面被细小的乳突；侧裂片三角形或近长圆形；中裂片近方形或其他形状，变化较大，先端2裂并在中央具细尖；距狭圆锥形；蕊喙卵形，上面具细小的乳突。花期8月。

【秦岭分布】凤县。

【中国分布】陕西、湖北西部、四川东北部及东南部。

【生境】生于海拔1300米左右的山地林下。

【保护级别】陕西省重点保护野生植物。近危。CITES：II。

【保护价值】具有较高的观赏价值。

【保护措施】加大宣传力度，严禁非法盗挖野生资源；加强就地保护，促进野生种群的自然生长与更新。

植株

花正面

花侧面

生境

角盘兰

Herminium monorchis (L.) R. Br.

兰科 Orchidaceae 角盘兰属 *Herminium*

【特征】地生草本。块茎球形。茎直立，基部具 2 筒状鞘，下部具 2~3 叶，在叶之上具 1~2 苞片状小叶。叶片狭椭圆状披针形或狭椭圆形，基部渐狭并略抱茎。总状花序；花苞片线状披针形，直立伸展；子房圆柱状纺锤形，扭转；花小，黄绿色，垂头；花瓣近菱形；唇瓣与花瓣等长，近中部 3 裂，中裂片线形；蕊柱粗短；花粉团近圆球形；柱头 2，叉开；退化雄蕊 2，近三角形。花期 6—8 月。

【秦岭分布】商洛、鄠邑、周至、眉县、太白、佛坪、山阳、柞水等。

【中国分布】黑龙江、吉林、辽宁、内蒙古、河北、山西、陕西、宁夏、甘肃、青海、山东、安徽、河南、四川西部、云南西北部、西藏东部至南部。

【生境】生于海拔 1200~2350 米间的山地草丛或林下。

【保护级别】陕西省重点保护野生植物。近危。CITES：Ⅱ。

【保护价值】太白七药"人头七"的基原植物之一，带根茎全草入药，具滋阴补肾、健脾胃、调经等功效。

【保护措施】加强就地保护，促进野生种群的自然生长与更新。

叶

植株

花序

花

生境

旗唇兰

Kuhlhasseltia yakushimensis (Yamam.) Ormerod
小旗唇兰
兰科 Orchidaceae 旗唇兰属 *Kuhlhasseltia*

【特征】地生小草本。根状茎细长或粗短，肉质，匍匐。茎直立。叶片卵形，肉质；叶柄基部扩大成抱茎的鞘。花茎顶生，具白色柔毛；总状花序带粉红色，被疏柔毛；花苞片粉红色，宽披针形，边缘具睫毛，背面疏生柔毛；子房圆柱状纺锤形，被疏柔毛；花小；萼片粉红色，背面基部被疏柔毛；花瓣白色，具紫红色斑块；唇瓣白色，呈 T 字形，从花被中伸出，前部扩大呈倒三角形的片；蕊柱短；花药心形；蕊喙直立，叉状 2 裂；柱头 2。花期 8—9 月。

【秦岭分布】洋县、佛坪。

【中国分布】陕西、安徽、浙江、台湾、湖南、四川。

【生境】生于海拔 1000~1600 米的山地林中、苔藓丛中、树干上或岩壁上。

【保护级别】陕西省重点保护野生植物。易危。CITES：II。

【保护价值】数量稀少，具有很高的研究价值。

【保护措施】加大宣传力度，加强就地保护，促进野生种群的自然生长与更新。

花

植株

羊耳蒜

Liparis campylostalix Rchb.f.
齿唇羊耳蒜
兰科 Orchidaceae 羊耳蒜属 *Liparis*

叶

【特征】地生草本。假鳞茎簇生，卵球形到球状。叶柄基部具鞘，无节；叶片卵形或卵形长圆形到近椭圆形，基部收缩成叶柄。花序梗具翅；花苞片披针形；花带绿色，通常染粉红色到紫色或浅紫色；背面萼片舌状披针形；侧生萼片平行于唇下；花瓣偏转，平行于侧萼片和在侧萼片下面；唇楔形到长圆形倒卵形；柱弱弯曲，基部膨大，先端具小的近方形翅。花期 6—7 月。

【秦岭分布】眉县、太白、周至、凤县、留坝、略阳、宁强、洋县、佛坪、宁陕、柞水、商州等。

【中国分布】陕西、甘肃、贵州、河北、黑龙江、河南、湖北西部、吉林、辽宁、内蒙古、山东、山西南部、四川、台湾、西藏、云南。

【生境】生于海拔 1100~2000 米间的山地林下。

【保护级别】陕西省重点保护野生植物。CITES：II。

【保护价值】假鳞茎入药，具有止血止痛、活血调经、强心镇静之效，同时具有较高的观赏价值。

【保护措施】加大宣传力度，严禁非法盗挖野生资源；加强就地保护，促进野生种群的自然生长与更新。

植株

花　　　　　幼果　　　　　成熟果实

生境

长唇羊耳蒜

Liparis pauliana Hand.-Mazz.
齿唇羊耳蒜
兰科 Orchidaceae 羊耳蒜属 *Liparis*

【特征】地生草本。假鳞茎卵形或卵状长圆形。叶通常 2，极少为 1，卵形至椭圆形，边缘皱波状并具不规则细齿，基部收狭成鞘状柄。花序柄扁圆柱形，两侧有狭翅；总状花序；花苞片卵形或卵状披针形；萼片常淡黄绿色，线状披针形；花淡紫色，花瓣近丝状；唇瓣倒卵状椭圆形；蕊柱向前弯曲，顶端具翅。蒴果倒卵形，上部有 6 条翅。花期 5 月，果期 10—11 月。

【秦岭分布】商洛，太白、佛坪、洋县。

【中国分布】陕西、浙江、江西、湖北、湖南、广东北部、广西北部和贵州东部。

【生境】生于海拔 800~1200 米的山地林下阴湿处或岩石缝中。

【保护级别】陕西省重点保护野生植物。CITES：II。

【保护价值】具有一定的观赏价值和开发前景。

【保护措施】加大宣传力度，加强就地保护，促进野生种群的自然生长与更新。

叶

植株

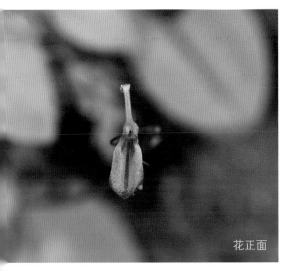

花正面

花侧面

生境

原沼兰

Malaxis monophyllos (L.) Sw.
沼兰
兰科 Orchidaceae 沼兰属 *Malaxis*

花序

果序

花

植株

【特征】地生草本。假鳞茎卵形，外被白色的薄膜质鞘。叶通常1，卵形、长圆形或近椭圆形，基部收狭成柄；叶柄多少鞘状。花葶直立，除花序轴外近无翅；总状花序；花苞片披针形；花小，较密集，淡黄绿色至淡绿色；中萼片披针形或狭卵状披针形；侧萼片线状披针形；花瓣近丝状或极狭的披针形；唇瓣先端骤然收狭而成线状披针形的尾；唇盘近圆形、宽卵形或扁圆形；蕊柱粗短。蒴果倒卵形或倒卵状椭圆形。花果期7—8月。

【秦岭分布】眉县、周至、柞水、佛坪、洋县、留坝等。

【中国分布】黑龙江、吉林、辽宁、内蒙古、河北、山西、陕西、甘肃、台湾、河南、四川、云南西北部和西藏。

【生境】生于海拔1900~3300米间的山地林下阴湿处。

【保护级别】陕西省重点保护野生植物。CITES：Ⅱ。

【保护价值】全草可入药，具清热解毒、调经活血、利尿、消肿之效。

【保护措施】加大宣传力度，加强就地保护，促进野生种群的自然生长与更新。

植株

尖唇鸟巢兰

Neottia acuminata Schltr.

兰科 Orchidaceae 鸟巢兰属 *Neottia*

【特征】腐生小草本。茎直立，无绿叶。总状花序顶生；苞片长圆状卵形；子房椭圆形；花小，黄褐色；中萼片狭披针形，具 1 条脉；侧萼片与中萼片相似；花瓣狭披针形；唇瓣形状通常卵形、卵状披针形或披针形；蕊柱极短；花药直立，近椭圆形；柱头横长圆形，直立；蕊喙舌状，直立。蒴果椭圆形。花果期 6—8 月。

【秦岭分布】鄠邑、眉县、柞水、佛坪、宁陕等。

【中国分布】吉林南部、内蒙古、河北、山西、陕西、甘肃、青海、湖北、四川、云南和西藏。

【生境】生于海拔 2300~3200 米间的山地林下或草丛。

【保护级别】陕西省重点保护野生植物。CITES：II。

【保护价值】腐生兰科植物对进一步研究植物地理、兰科植物起源及演化有极其重要的意义。

【保护措施】加大宣传力度，加强就地保护，促进野生种群的自然生长与更新。

枝

花正面

花侧面

生境

二叶兜被兰

Neottianthe cucullata (L.) Schltr.
兜被兰、二狭叶兜被兰、一叶兜被兰
兰科 Orchidaceae 兜被兰属 *Neottianthe*

叶

花侧面

生境

花正面

【特征】地生草本。块茎圆球形或卵形。茎直立或近直立，基部具圆筒状鞘，其上具 2 近对生的叶。叶片卵形、卵状披针形或椭圆形，叶上面有时具少数或多而密的紫红色斑点。总状花序，花常偏向一侧；花苞片披针形；子房圆柱状纺锤形；花紫红色或粉红色；萼片彼此紧密靠合成兜；花瓣披针状线形；唇瓣向前伸展，上面和边缘具细乳突，中部 3 裂，侧裂片线形，中裂片较侧裂片长而稍宽；距细圆筒状圆锥形，中部向前弯曲，近呈 U 字形。花期 8—9 月。

【秦岭分布】商洛，鄠邑、华州、华阴、眉县、凤县、山阳、柞水、洛南、丹凤等。

【中国分布】黑龙江、吉林、辽宁、内蒙古、河北、山西、陕西（秦岭以北）、甘肃、青海、安徽、浙江、江西、福建、河南、四川西部、云南西北部、西藏东部至南部。

【生境】生于海拔 1100~3000 米间的山地草丛或林下。

【保护级别】陕西省重点保护野生植物。近危。CITES：Ⅱ。

【保护价值】全草可入药，具醒脑、回阳、活血散瘀、接骨生肌的功效；同时，花紫粉色，花瓣线形，具有较高的观赏价值。

【保护措施】加大宣传力度，加强就地保护，促进野生种群的自然生长与更新。

植株

象鼻兰

Nothodoritis zhejiangensis Z. H. Tsi

兰科 Orchidaceae 蝴蝶兰属 *Phalaenopsis*

【特征】附生落叶小草本。斜立或悬垂；气根多数；茎被叶鞘所包；叶1~3，2列，近丛生，扁平，下面或叶缘具细密暗紫色斑点。总状花序侧生于茎基部；苞片2列；花质薄，开放；萼片和花瓣白色，内面具紫色横纹；中萼片卵状椭圆形；侧萼片斜宽倒卵形；花瓣倒卵形，具爪；唇瓣无爪，3裂，基部具囊；蕊柱短，基部具黄绿色附属物，蕊柱足短；柱头位于蕊柱基部，蕊喙窄长，似象鼻。花期6—7月。

【秦岭分布】洋县、佛坪。

【中国分布】浙江、甘肃、陕西、安徽。

【生境】生于海拔1530米的陡峭悬崖旁的铁杉、锐齿栎、刺叶栎等大树的树干上。

【保护级别】国家一级重点保护野生植物。近危。CITES：II。

【保护价值】民间以全草入药，用以治疗疝气。该物种为蝴蝶兰属植物，是培育小花型蝴蝶兰的优良亲本，具有很高的观赏价值。

【保护措施】加大宣传力度，严禁非法盗挖野生资源；加强就地保护，促进野生种群的自然生长与更新；积极开展保护生物学研究，保存优质种源，积极开展良种的繁育和栽培技术研究。

气生根和叶

植株

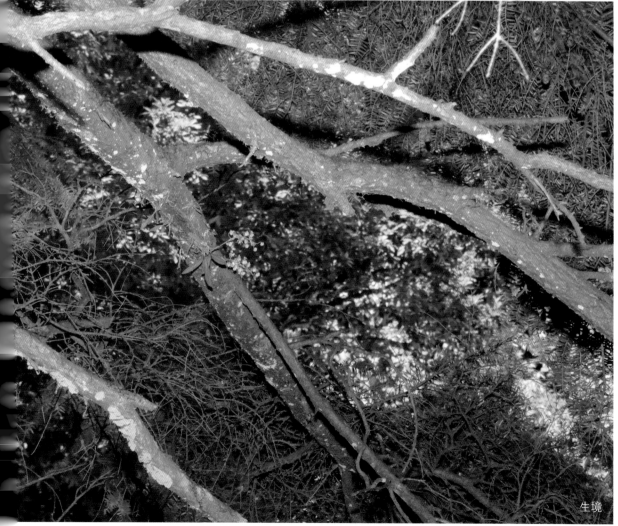

花侧面

花正面

生境

套叶鸢尾兰

Oberonia sinica (S.C.Chen & K.Y.Lang) Ormerod
套叶兰
兰科 Orchidaceae 鸢尾兰属 Oberonia

【特征】附生草本。根状茎纤细，匍伏于悬岩上，具节，常分枝。茎很短，具 3~4 叶。叶两侧压扁，肉质，二列套叠，剑形或狭长圆状披针形，基部具 1 关节。花葶稍弯曲；总状花序；花苞片卵形，边缘稍呈啮蚀状；花 2~3，簇生或单生，浅黄褐色；萼片卵状椭圆形或椭圆形；花瓣狭长圆形；唇瓣轮廓为卵状长圆形，边缘有不整齐的锯齿。花期 6 月。

【秦岭分布】宁陕、佛坪、洋县。

植株

花

花序

【中国分布】陕西、甘肃南部（武都）。

【生境】生于海拔 1200~1600 米间的山地岩壁上。

【保护级别】陕西省重点保护野生植物。濒危。CITES：II。

【保护价值】对研究兰科植物系统演化有重要的价值，在民间有入药价值。

【保护措施】加大宣传力度，加强就地保护，促进野生种群的自然生长与更新。

叶

长叶山兰

Oreorchis fargesii Finet

兰科 Orchidaceae 山兰属 Oreorchis

【特征】地生草本。假鳞茎椭圆形至近球形。叶 2，偶有 1，线状披针形或线形，有关节。花葶直立；总状花序；花苞片卵状披针形；花常白色并有紫纹；萼片长圆状披针形；侧萼片斜歪并略宽于中萼片；花瓣狭卵形至卵状披针形；唇瓣轮廓为长圆状倒卵形，近基部处 3 裂，基部有长约 1 毫米的爪；唇盘上在两枚侧裂片之间具 1 条短褶片状胼胝体，胼胝体中央有纵槽；蕊柱基部肥厚并略扩大。蒴果狭椭圆形。花期 5—6 月，果期 9—10 月。

【秦岭分布】周至、眉县、太白、佛坪。

【中国分布】陕西、甘肃南部、浙江、福建北部（武夷山）、台湾、湖北和四川。

【生境】生于海拔 1610~1850 米间的山地林下。

【保护级别】陕西省重点保护野生植物。近危。CITES：Ⅱ。

【保护价值】民间将其作为中药山慈姑的代替品入药，具有抗肿瘤、抗氧化、保护神经、降脂降糖、提高造血功能及增强免疫等功效。

【保护措施】加大宣传力度，加强就地保护，促进野生种群的自然生长与更新。

叶

植株

花序

花

幼果

生境

硬叶山兰

Oreorchis nana Schltr.

兰科 Orchidaceae 山兰属 *Oreorchis*

【特征】地生草本。假鳞茎长圆形或近卵球形，以根状茎相连接；根状茎纤细。叶1，生于假鳞茎顶端，卵形至狭椭圆形。花葶从假鳞茎侧面发出，近直立；总状花序；花苞片卵状披针形；萼片与花瓣上面暗黄色，唇瓣白色而有紫色斑；萼片近狭长圆形；侧萼片略斜歪；花瓣镰状长圆形；唇瓣轮廓近倒卵状长圆形；侧裂片近狭长圆形或狭卵形；中裂片近倒卵状椭圆形；唇盘基部有2条短的纵褶片；蕊柱粗短。花期6—7月。

【秦岭分布】宝鸡、鄠邑、太白、眉县、柞水、佛坪。

【中国分布】陕西、甘肃南部、湖北西部、四川西部、云南西北部和西藏东部。

【生境】生于海拔2500~2800米间的山地林下或岩石上。

【保护级别】陕西省重点保护野生植物。近危。CITES：Ⅱ。

【保护价值】具有较高的观赏价值。

【保护措施】加大宣传力度，加强就地保护，促进野生种群的自然生长与更新。

叶

花序

植株

舌唇兰

Platanthera japonica (Thunb.) Lindl.

兰科 Orchidaceae 舌唇兰属 *Platanthera*

【特征】地生草本。根状茎指状，肉质。茎粗壮，直立。叶自下向上渐小，下部叶片椭圆形或长椭圆形，基部成抱茎的鞘；上部叶片小，披针形。总状花序；花苞片狭披针形；子房细圆柱状；花白色；中萼片直立，卵形；侧萼片反折，斜卵形；花瓣直立，线形，与中萼片靠合呈兜状；唇瓣线形，肉质，先端钝；距下垂，弧曲，较子房长多；退化雄蕊显著；蕊喙矮，宽三角形，直立；柱头1。花期5—7月。

【秦岭分布】渭南，长安、山阳、眉县、周至、柞水、宁陕、佛坪、洋县、留坝、凤县等。

花

花序

植株

【中国分布】陕西、甘肃、江苏、安徽、浙江、河南、湖北、湖南、广西、四川、贵州和云南。

【生境】生于海拔 1100~2000 米间的山地林下或草丛。

【保护级别】陕西省重点保护野生植物。CITES：II。

【保护价值】带根全草可入药，有补气润肺、化痰止咳、解毒等功效；同时，具有较高的观赏价值。

【保护措施】加大宣传力度，加强就地保护，促进野生种群的自然生长与更新。

生境

蜻蜓舌唇兰

Platanthera souliei Kraenzl.

盘龙参、红龙盘柱、一线香、义富绥草

兰科 Orchidaceae 蜻蜓兰属 *Platanthera*

【特征】地生草本。根状茎指状，肉质，细长。茎粗壮，直立，茎部具筒状鞘，鞘之上具叶，茎下部具 2 叶。总状花序；花苞片狭披针形；子房圆柱状纺锤形，扭转，稍弧曲；花小，黄绿色；中萼片直立，凹陷呈舟状；侧萼片斜椭圆形，两侧边缘多少向后反折；花瓣直立，斜椭圆状披针形，稍肉质；唇瓣向前伸展，舌状披针形，基部两侧各具 1 小的侧裂片，侧裂片三角状镰形，中裂片舌状披针形；距细长，细圆筒状，下垂，稍弧曲。花期 6—8 月，果期 9—10 月。

【秦岭分布】长安、鄠邑、眉县、太白、凤县、宁陕等。

【中国分布】黑龙江、吉林、辽宁、内蒙古、河北、山西、陕西、甘肃、青海东部、山东、河南、四川、云南西北部。

【生境】生于海拔 1400~2800 米间的山地草丛或林下。

【保护级别】陕西省重点保护野生植物。近危。CITES：II。

【保护价值】全草可入药，亦为重要的观赏植物资源。

【保护措施】加大宣传力度，严禁非法盗挖野生资源，促进野生种群的自然生长与更新。

枝

花序

花

植株

独蒜兰

Pleione bulbocodioides (Franch.) Rolfe
朱兰状独蒜兰
兰科 Orchidaceae 独蒜兰属 *Pleione*

叶

花

花侧面

生境

果实

【特征】半附生草本。假鳞茎卵形至卵状圆锥形，顶端具1叶，纸质披针形。花葶从无叶的老假鳞茎基部发出，直立，顶端具1粉红色至淡紫色花，唇瓣轮廓为倒卵形，上有深色斑；花粉团4；蕊柱多少弧曲，两侧具翅。蒴果近长圆形。花期4—6月，果期6—8月。

【秦岭分布】长安、周至、眉县、太白、柞水、宁陕、佛坪、洋县等。

【中国分布】陕西南部、甘肃南部、安徽、湖北、湖南、广东北部、广西北部、四川、贵州、云南西北部和西藏东南部。

【生境】生于海拔1400~2400米间的山地林下。

【保护级别】国家二级重点保护野生植物。CITES：II。

【保护价值】独蒜兰为中药山慈姑的主要基原植物之一，具有化散结痰、清热解毒的作用；有很高的观赏价值，推广应用前景广阔。

【保护措施】加大宣传力度，严禁非法盗挖野生资源；加强就地保护，促进野生种群的自然生长与更新。

花正面

植株

广布小红门兰

Ponerorchis chusua (D. Don) Soó
库莎红门兰、广布红门兰
兰科 Orchidaceae 红门兰属 *Orchis*

【特征】地生草本。块茎长圆形或圆球形，肉质。茎直立，圆柱状。叶片长圆状披针形、披针形或线状披针形至线形，基部收狭成抱茎的鞘。花序多偏向一侧；花苞片披针形或卵状披针形；子房圆柱形，扭转；花紫红色或粉红色；中萼片长圆形或卵状长圆形，直立，凹陷呈舟状；侧萼片向后反折；花瓣直立，斜狭卵形、宽卵形或狭卵状长圆形；唇瓣向前伸展，3 裂；距圆筒状或圆筒状锥形，常长于子房。花期 6—8 月。

【秦岭分布】长安、鄠邑、周至、眉县、太白、凤县、柞水、宁陕、佛坪、洋县等。

【中国分布】黑龙江、吉林、内蒙古、陕西、宁夏、甘肃东部、青海东部和东南部、湖北西部、四川、云南西北部至东北部、西藏东南部至南部。

花序轴

苞片

花

花序

植株

【牛境】生于海拔 2300~3400 米间的山地草丛或林下。

【保护级别】陕西省重点保护野生植物。CITES：II。

【保护价值】带根茎的全草可作为太白七药"人头七"用，有补肾健脾、调经活血、解毒的功效；同时，具有较高的观赏价值。

【保护措施】加大宣传力度，严禁非法盗挖野生资源；加强就地保护，促进野生种群的自然生长与更新。

生境

华西小红门兰

Ponerorchis limprichtii (Schltr.) Soó
单叶红门兰、华西红门兰
兰科 Orchidaceae 红门兰属 *Orchis*

叶

【特征】地生草本。块茎长圆形或卵圆形。茎圆柱形，基部具筒状、膜质鞘，鞘之上具 1 叶。叶片心形、卵圆形或椭圆状长圆形，上面深绿色，常具紫色斑点，背面紫绿色。苞片披针形或卵状披针形；子房纤细，圆柱形，扭转；花紫红色或淡紫色；萼片与花瓣均具 1 条脉；花瓣直立，斜卵形，舟状；唇瓣向前伸展，外形品字形，中部 3 裂，近基部凹陷，内面具白色微柔毛，具距；距细圆筒状。花期 5—6 月。

【秦岭分布】太白、凤县。

【中国分布】甘肃东南部、河南、陕西、四川西北部、云南。

【生境】生于海拔 1400~2000 米的山地林下潮湿岩石上或草地上。

【保护级别】陕西省重点保护野生植物。近危。CITES：II。

【保护价值】全草入药，具清热解毒的功效；花叶俱佳，有较高的观赏价值。

【保护措施】加强就地保护，促进野生种群的自然生长与更新。

花序

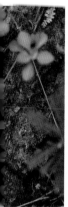

花序

花正面

生境

绶草

Spiranthes sinensis (Pers.) Ames
盘龙参、红龙盘柱、一线香、义富绶草
兰科 Orchidaceae 绶草属 *Spiranthes*

【特征】地生草本。根数条，指状，肉质，簇生于茎基部。茎基部生 2~5 叶。叶片常宽线形或宽线状披针形，基部收狭具柄状抱茎的鞘。总状花序具多数密生的花，呈螺旋状扭转；花苞片卵状披针形；子房纺锤形，扭转，被腺状柔毛；花小，紫红色、粉红色或白色，在花序轴上呈螺旋状排生；萼片的下部靠合；唇瓣宽长圆形，凹陷，前半部上面具长硬毛且边缘具强烈皱波状啮齿，唇瓣基部凹陷呈浅囊状。花期 7—8 月。

【秦岭分布】秦岭南北坡。

【中国分布】全国各省区。

【生境】生于海拔 600~1300 米的山坡草地、河滩沼泽草甸或林下。

【保护级别】陕西省重点保护野生植物。CITES：II。

【保护价值】绶草为我国一味古老且重要的中草药，具有降血糖、降血脂、抗炎、抗氧化、抗肿瘤和抗菌等多种功效。

【保护措施】加大宣传力度，严禁非法盗挖野生资源，促进野生种群的自然生长与更新。

花

植株

花序

花正面

幼果

生境

大苞黄精

Polygonatum megaphyllum P. Y. Li

百合科 Liliaceae 黄精属 *Polygonatum*

花枝

花枝

植株

花正面

【特征】多年生草本。根状茎通常具瘤状结节。茎除花和茎的下部外，其他部分疏生短柔毛。叶互生，狭卵形、卵形或卵状椭圆形。花序通常具2花，顶端有3~4叶状苞片；苞片卵形或狭卵形；花被淡绿色，裂片长约3毫米；花丝稍两侧扁，近平滑，约与花药等长；子房长3~4毫米，花柱长6-11毫米。浆果近球形。花期5—6月。

【秦岭分布】太白山。

【中国分布】甘肃东南部、陕西秦岭地区、山西西部、河北西南部。

【生境】生于海拔1200~1800米的山地林下。

【保护级别】陕西省重点保护野生植物。近危。CITES：II。

【保护价值】大苞黄精为中药一面锣的基原植物，其根状茎入药，有养阴润燥、生津止渴之功效。

【保护措施】加强对野生种群及栖息地的保护，积极开展野生资源的保护生物学研究。

花侧面

陕西薹草

Carex shaanxiensis F. T. Wang & Tang ex P. C. Li

莎草科 Cyperaceae 薹草属 Carex

【特征】多年生草本。根状茎短。秆密丛生，甚纤细，柔软，光滑。叶短于秆，平张，质软，基部具淡褐色的宿存叶鞘。苞片佛焰苞状，苞鞘淡绿色，顶端具短苞叶。小穗3~4，最下部的1小穗疏远或近于基生，其余的彼此接近；顶生的小穗雄性，圆柱形，具多数密生的雄花；侧生的小穗雌性，线状圆柱形，基部有时有1~3从内具花的囊状枝先出叶中生出的分枝，顶端有时有少数雄花；小穗柄丝状，很长地伸出苞鞘外。雄花鳞片长圆形，膜质，褐色，中间色淡，具宽的白色薄膜质边缘；雌花鳞片长圆形，顶端截形或微凹，两侧淡褐色，具狭的白色膜质边缘，中间绿色；花柱基部不增粗，柱头3。果囊等长或稍长于鳞片，狭椭圆形，钝三棱形，密被短柔毛，除具二侧脉外，无细脉。小坚果狭椭圆形，三棱状，成熟时褐色。花期6月，果期8月。

【秦岭分布】太白山。

【中国分布】陕西、甘肃南部。

【生境】生于海拔2800~3200米的山坡草地潮湿处。

【保护级别】易危。

【保护价值】分布范围狭小，对研究莎草科植物种群地理分化有着重要的科研价值。

【保护措施】加强就地保护，促进野生种群的自然生长与更新。

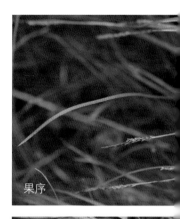

果序

植株

果序

果序

生境

华山新麦草

Psathyrostachys huashanica Keng ex P. C. Kuo

禾本科 Gramineae 新麦草属 *Psathyrostachys*

【特征】多年生草本。具延长的根茎。秆散生，叶片扁平或边缘稍内卷。顶生穗状花序紧密，穗轴脆弱，成熟后逐节断落；小穗黄绿色，含 1~2 小花；外稃无毛，粗糙，内稃等长于外稃，具 2 脊；花药黄色。颖果锥状，具 1 条不明显的脉。花期 5—6 月，果期 6—7 月。

【秦岭分布】华阴、华州。

【中国分布】陕西。

【生境】生于海拔 400~1660 米间的山坡岩石残积土上。

【保护级别】国家一级重点保护野生植物。极危。

【保护价值】国家首批一类珍稀保护植物和急需保护的农作物野生亲缘种，具有早熟、矮秆、抗病、耐瘠薄等特性。为小麦的三级基因源，对探索小麦属植物的起源、进化、遗传育种等方面具有重要价值。

【保护措施】加大宣传力度，严禁非法盗挖野生资源；加强就地保护，促进野生种群的自然生长与更新；积极开展保护生物学研究，保存优质种源，积极开展良种的繁育和栽培技术研究。

叶和花序

植株

花序

花

生境

星叶草

Circaeaster agrestis Maxim.

星叶草科 Circaeasteraceae 星叶草属 *Circaeaster*

【特征】一年生小草本。宿存的 2 子叶和叶簇生；子叶线形或披针状线形；叶菱状倒卵形、匙形或楔形，基部渐狭，边缘上部有小牙齿，齿顶端有刺状短尖，背面粉绿色。花小，花药椭圆球形，花丝线形；心皮 1~3，子房长圆形，柱头近椭圆球形。瘦果狭长圆形或近纺锤形，有密或疏的钩状毛。4—6 月开花。

【秦岭分布】太白山，凤县、周至、柞水、佛坪、洋县。

【中国分布】西藏东部、云南西北部、四川西部、陕西南部、甘肃南部、青海东部、新疆西部。

【生境】生于海拔 2100~2850 米间的山地林下潮湿处。

【保护级别】陕西省重点保护野生植物。

【保护价值】单种属植物，对研究被子植物系统演化具有一定的科学价值。

【保护措施】加强就地保护，促进野生种群的自然生长与更新。

花

植株

幼果

生境

独叶草

Kingdonia uniflora Balf. f. & W. W. Sm.

星叶草科 Circaeasteraceae 独叶草属 *Kingdonia*

【特征】多年生小草本。叶基生，有长柄，叶片心状圆形，五全裂，叶脉二叉状分枝。花两性，单生于花葶顶端；萼片淡绿色，卵形，无花瓣；退化雄蕊圆柱状，顶端头状膨大；雄蕊花药椭圆形，花丝线形；子房有枚下垂的胚珠，花柱钻形。瘦果狭倒披针形。花期 5—6 月，果期 6—8 月。

【秦岭分布】太白山，佛坪、周至、洋县。

【中国分布】陕西、云南西北部（德钦）、四川西部、甘肃南部（舟曲）。

【生境】生于海拔 2350~3300 米间的太白红杉、冷杉或杜鹃林等下。

【保护级别】国家二级重点保护野生植物。易危。

【保护价值】中国特有单种属植物。该物种起源非常古老，具有独特且典型的二叉分枝脉序性状，加上其系统位置孤立，分布区域极其局限，对生境的要求较为苛刻；为中国生物多样性的关键类群，对研究被子植物的演化和系统发育有着重要的科学意义。

【保护措施】加大宣传力度，严禁非法盗挖野生资源；加强就地保护，促进野生种群的自然生长与更新，积极开展保护生物学研究。

植株

叶和花

花

幼果

生境

大血藤

Sargentodoxa cuneata (Oliv.) Rehder & E.H. Wilson

木通科 Lardizabalaceae 大血藤属 *Sargentodoxa*

叶

老叶

幼果

生境

果实

【特征】落叶木质藤本。当年枝条暗红色，老树皮有时纵裂。三出复叶，或兼具单叶，稀全部为单叶。总状花序，雄花与雌花同序或异序，同序时，雄花生于基部；苞片 1，长卵形；萼片花瓣状，长圆形；花瓣 6，圆形；雄蕊的花丝长仅为花药一半或更短；具退化雄蕊；雌蕊多数，螺旋状生于卵状突起的花托上，子房瓶形；退化雌蕊线形。浆果近球形，成熟时黑蓝色。种子卵球形；种皮黑色。花期 4—5 月，果期 6—9 月。

【秦岭分布】汉中，佛坪、洋县、安康、宁陕等。

【中国分布】陕西、四川、贵州、湖北、湖南、云南、广西、广东、海南、江西、浙江、安徽。

【生境】生于海拔 700~2000 米间的山地灌丛或杂木林中。

【保护级别】陕西省重点保护野生植物。近危。

【保护价值】大血藤为太白七药"五花七"的基原植物，以干燥根及茎入药，具有清热解毒、活血、祛风止痛的功效。

【保护措施】加大宣传力度，加强就地保护；促进野生种群的自然生长与更新；积极开展保护生物学研究，保存优质种源，积极开展良种的繁育和栽培技术研究。

果枝

串果藤

Sinofranchetia chinensis (Franch.) Hemsl.

木通科 Lardizabalaceae 串果藤属 *Sinofranchetia*

【特征】落叶木质藤本。幼枝被白粉。叶具羽状 3 小叶；托叶早落。总状花序下垂，基部为芽鳞片所包托；花稍密集着生于花序总轴上。雄花：萼片 6，绿白色，有紫色条纹，倒卵形；蜜腺状花瓣 6，肉质，近倒心形；雄蕊 6，花丝肉质；退化心皮小；雌花：萼片与雄花的相似；花瓣很小；退化雄蕊与雄蕊形状相似但较小；心皮 3，无花柱，柱头不明显。成熟心皮浆果状，淡紫蓝色，种子卵圆形，种皮灰黑色。花期 5—6 月，果期 9—10 月。

【秦岭分布】秦岭南北坡。

【中国分布】甘肃、陕西南部、四川、湖北、湖南西部、云南东北部、江西、广东北部。

【生境】生于海拔 1000~2300 米间的山地杂木林或灌丛中。

【保护级别】陕西省重点保护野生植物。

【保护价值】中国特有单种属植物，是古老的残遗植物类群，对于研究植物区系的演变和木通科植物的系统演化有一定的科学价值。

【保护措施】加大宣传力度，加强就地保护，促进野生种群的自然生长与更新。

枝

雄花

植株

幼果

成熟果实

种子

雄花序

生境

青牛胆

Tinospora sagittata (Oliv.) Gagnep.
金果榄、山慈姑、九牛子
防己科 Menispermaceae 青牛胆属 *Tinospora*

【特征】草质藤本。具连珠状块根，膨大部分常为不规则球形，黄色；枝纤细，有条纹，常被柔毛。叶纸质至薄革质，披针状箭形或有时披针状戟形，掌状脉5条，连同网脉均在下面凸起；叶柄有条纹。花序腋生，常数个或多个簇生，聚伞花序或分枝成疏花的圆锥状花序，总梗、分枝和花梗均丝状；小苞片紧贴花萼；萼片6，常大小不等，最外面的小，较内面的明显较大，阔卵形至倒卵形；花瓣6，肉质，常有爪，基部边缘常反折；雄蕊6，与花瓣近等长或稍长；雌花：萼片与雄花相似；花瓣楔形；退化雄蕊6；心皮3。核果红色，近球形；果核近半球形。花期4月，果期秋季。

【秦岭分布】宁强、略阳、佛坪、洋县等。

【中国分布】华南、西南及陕西、山西南部、甘肃东南部、福建、江西、湖北、湖南。

【生境】生于海拔800~1500米间的山地疏林中。

【保护级别】濒危。

【保护价值】块根称为金果榄，可入药，具有清热解毒、利咽、止痛等功效，在民间应用广泛。

【保护措施】加强就地保护，促进野生种群的自然生长与更新；保存优质种源，积极开展良种的繁育和栽培技术研究。

萼片

雄花

块根

果实

植株

八角莲

Dysosma versipellis (Hance) M. Cheng ex T.S. Ying

小檗科 Berberidaceae 鬼臼属 *Dysosma*

【特征】多年生草本。具粗壮横生的根状茎；茎直立，不分枝；茎生叶 2，盾状，掌状浅裂。花两性，深红色，下垂；花瓣 6，勺状倒卵形；雄蕊 6，花丝短于花药，药隔先端急尖；子房椭圆形，花柱短，柱头盾状。浆果椭圆形。花期 3—6 月，果期 5—9 月。

【秦岭分布】佛坪等。

【中国分布】陕西、湖南、湖北、浙江、江西、安徽、广东、广西、云南、贵州、四川、河南。

【生境】生于海拔 800~2700 米间的山地林下阴湿处或水沟旁。

【保护级别】陕西省重点保护野生植物。易危。

【保护价值】为太白七药"八角七"的基原植物，根状茎供药用，具有化痰散结、祛瘀止痛、清热解毒的功效；同时，为耐阴观叶花卉，可以用于园林中的人工湿地、人造自然环境中的配景。

【保护措施】加大宣传力度，加强就地保护，促进野生种群的自然生长与更新；积极开展保护生物学研究，保存优质种源，积极开展良种的繁育和栽培技术研究。

雌雄蕊

植株

花蕾

花

生境

淫羊藿

Epimedium brevicornu Maxim.
短角淫羊藿
小檗科 Berberidaceae 淫羊藿属 *Epimedium*

【特征】多年生草本。根状茎粗短，木质化。二回三出复叶基生和茎生，具9小叶；基生叶1~3丛生，具长柄，茎生叶2，对生；小叶纸质或厚纸质，卵形或阔卵形，先端急尖或短渐尖，基部深心形，顶生小叶基部裂片圆形，近等大，侧生小叶基部裂片稍偏斜，急尖或圆形，上面常有光泽，网脉显著，背面苍白色，光滑或疏生少数柔毛，叶缘具刺齿。花茎具2对生叶，圆锥花序，序轴及花梗被腺毛；花白色或淡黄色；萼片2轮，外萼片卵状三角形，内萼片披针形，白色或淡黄色；花瓣远较内萼片短，距呈圆锥状，瓣片很小；雄蕊长3~4毫米，伸出，花药长约2毫米，瓣裂。蒴果，宿存花柱喙状。花期5—6月，果期6—8月。

【秦岭分布】秦岭南北坡。

【中国分布】陕西、甘肃、山西、河南、青海、湖北、四川。

【生境】生于海拔700~2300米间的林下或灌丛。

【保护级别】易危。

【保护价值】全草入药，具有补肾阳、强筋骨、祛风湿的作用。

【保护措施】保存优质种源，积极开展良种的繁育和栽培技术研究。

叶

花序

幼果

植株

桃儿七

Sinopodophyllum hexandrum (Royle) T.S.Ying

鬼臼

小檗科 Berberidaceae 桃儿七属 *Sinopodophyllum*

花蕾

果实

生境

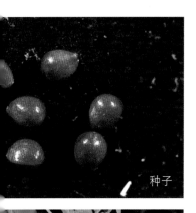

种子

【特征】多年生草本。根状茎粗短，茎直立，单生，具纵棱。叶2，薄纸质，基部心形。花大，单生，先叶开放，两性，粉红色；萼片6，早萎；花瓣6，倒卵形或倒卵状长圆形；雄蕊6，花药线形；雌蕊1，子房椭圆形，花柱短，柱头头状。浆果卵圆形，熟时橘红色。花期5—6月，果期7—9月。

【秦岭分布】太白山，佛坪、洋县、留坝、勉县、略阳等。

【中国分布】陕西、云南、四川、西藏、甘肃、青海。

【生境】生于海拔2600~3000米间的山地林下或草丛。

【保护级别】国家二级重点保护野生植物。近危。CITES：II。

【保护价值】我国单种属植物，是我国传统中药材，在陕西被认为是"草药之首"。其根状茎中含有丰富的鬼臼毒素和黄酮类化合物，具有抗癌、抗肿瘤活性，还兼抗风湿、活血、祛寒、解毒等功效。

【保护措施】加大宣传力度，加强就地保护，促进野生种群的自然生长与更新；积极开展保护生物学研究，保存优质种源，积极开展良种的繁育和栽培技术研究。

植株

铁棒锤

Aconitum pendulum Busch
铁牛七、雪上一支蒿、一枝箭、三转半
毛茛科 Ranunculaceae 乌头属 *Aconitum*

【特征】多年生草本。块根倒圆锥形。茎中部以上密生叶（间或叶较疏生），不分枝或分枝；茎下部在开花时枯萎，中部叶有短柄。叶片形状似伏毛铁棒锤，宽卵形，小裂片线形。顶生总状花序，轴和花梗密被伸展的黄色短柔毛；下部苞片叶状，或三裂，上部苞片线形；花梗短而粗；小苞片生花梗上部，披针状线形，疏被短柔毛；萼片黄色，外面被近伸展的短柔毛，上萼片船状镰刀形或镰刀形，具爪，弧状弯曲，外缘斜，侧萼片圆倒卵形，下萼片斜长圆形；花瓣距向后弯曲；花丝全缘；心皮5，无毛或子房被伸展的短柔毛。蓇葖果。种子倒卵状三棱形，光滑，沿棱具不明显的狭翅。7—9月开花，果期9—10月。

【秦岭分布】秦岭南北坡。

【中国分布】西藏、云南西北部、四川西部、青海、河南西部、甘肃南部、陕西南部及河南西部。

【生境】生于海拔1350~3300米间的山坡草地或林缘。

【保护级别】易危。

【保护价值】铁棒锤是太白七药"铁牛七"的基原植物之一，块根供药用，具有活血化瘀、止痛消肿、解热等作用，可治跌打损伤、骨折、风湿腰痛、冻疮等症。

【保护措施】加大宣传力度，加强就地保护，促进野生种群的自然生长与更新。

楷林

植株及生境

果序

花

植株

太白乌头

Aconitum taipeicum Hand.–Mazz.
金牛七
毛茛科 Ranunculaceae 乌头属 *Aconitum*

【特征】多年生草本。块根倒卵球形或胡萝卜形。茎上部被反曲并紧贴的短柔毛。茎下部叶在开花时枯萎；茎中部叶的叶片五角形，三深裂，中央深裂片宽菱形，近羽状分裂，侧深裂片斜扇形，不等二深裂，两面疏被短柔毛；叶柄被反曲的短柔毛，无鞘。总状花序生茎及分枝顶端；轴和花梗均被反曲的短柔毛；苞片三裂或长圆形；小苞片生花梗中部，线形；萼片蓝色；花瓣2，距小，向后弯曲；雄蕊多数；心皮5，子房无毛或疏被短柔毛。蓇葖果。种子三棱形。花期9月。

【秦岭分布】太白山，佛坪、周至。

花

植株

【中国分布】陕西南部（秦岭）、河南西部（栾川）。

【生境】生于海拔 2000~3500 米间的山地林下或草坡。

【保护级别】陕西省重点保护野生植物，渐危。

【保护价值】根入药，具有祛风活血、解痉止痛、麻醉败毒、免疫调节、保护心血管和抗肿瘤的功效。

【保护措施】加强就地保护，促进野生种群的自然生长与更新。

生境

反萼银莲花

叶

花

生境

【特征】多年生草本。根状茎横走。基生叶通常不存在。花葶直立；苞片 3，有柄，叶片近五角形，三全裂；花梗 1，密被短柔毛；萼片白色，披针状线形，开花时向下反折；雄蕊多数，花药椭圆形，顶端圆形，花丝扁，狭线形；心皮约 12，子房密被淡黄色短柔毛，花柱短，顶端有近球形的小柱头。花期 4—5 月，果期 6—7 月。

【秦岭分布】宝鸡，太白山，周至、长安、蓝田。

【中国分布】陕西秦岭和吉林东部长白山。

【生境】生于海拔 1100~1500 米间的山地灌丛或林下。

【保护级别】陕西省重点保护野生植物。

【保护价值】根状茎用药，可治疗神经衰弱、风湿关节痛和癫痫等。

【保护措施】加强就地保护，促进野生种群的自然生长与更新。

花枝

幼果

太白美花草

Callianthemum taipaicum W. T. Wang
重叶莲
毛茛科 Ranunculaceae 美花草属 *Callianthemum*

【特征】多年生草本。具根状茎。茎不分枝或有 1 分枝。基生叶 3~6，有长柄；叶片在开花时尚未完全发育，狭卵形，果期长达 6 厘米，小叶 2~3 对，二回深裂，背面有白粉，有鞘。茎生叶较小。花单生茎或分枝顶端；萼片 5，带蓝紫色，狭椭圆形或披针形；花瓣倒披针形或狭倒卵形，顶端近截形，下部橙黄色；雄蕊花药狭椭圆形，花丝狭线形；心皮 18~22，有短花柱。聚合瘦果近球形。花期 6—7 月。

【秦岭分布】太白山，佛坪、鄠邑、柞水、周至等。

【中国分布】陕西秦岭。

【生境】生于海拔 2000~3600 米间的山坡草地。

【保护级别】陕西省重点保护野生植物。濒危。

【保护价值】秦岭特有种。全草入药，具有清热解毒的功效。

【保护措施】加强就地保护，促进野生种群的自然生长与更新。

叶

植株

花侧面

花正面

叶和幼果

生境

铁筷子

Helleborus thibetanus Franch.

小桃儿七、九朵云、九龙丹、见春花、九百棒、黑毛七

毛茛科 Ranunculaceae 铁筷子属 *Helleborus*

【特征】多年生草本。根状茎密生肉质长须根。茎上部分枝，基部有 2~3 鞘状叶。基生叶 1，有长柄；叶片肾形或五角形，鸡足状三全裂，中全裂片倒披针形，边缘在下部之上有密锯齿，侧全裂片具短柄，扇形，不等三全裂。茎生叶近无柄，叶片较基生叶为小，中央全裂片狭椭圆形，侧全裂片不等二或三深裂。萼片初粉红色，在果期变绿色，椭圆形或狭椭圆形；花瓣淡黄绿色，圆筒状漏斗形，具短柄；花药椭圆形，花丝狭线形；心皮 2~3，花柱与子房近等长。蓇葖果有横脉。种子椭圆形，扁，光滑，有 1 条纵肋。花期 4 月，果期 5 月。

【秦岭分布】秦岭南北坡。

【中国分布】四川西北部、甘肃南部、陕西南部和湖北西北部。

【生境】生于海拔 810~3100 米间的山地林下。

【保护级别】易危。

【保护价值】太白七药之一，地下部分供药用，可治膀胱炎、尿道炎、疮疖肿毒和跌打损伤等症；花型奇特，萼宿存，亦具有很高的观赏价值。

【保护措施】加大宣传力度，严禁非法盗挖野生资源；加强就地保护，促进野生种群的自然生长与更新；积极开展保护生物学研究，保存优质种源，积极开展人工引种繁育及野外回归工作。

生境

花

花枝

幼果

生境

黄三七

Souliea vaginata (Maxim.) Franch.
长果升麻、土黄连、太白黄连
毛茛科 Ranunculaceae 黄三七属 Souliea

叶腹面

叶背面

生境

幼果

【特征】多年生草本。根状茎粗壮，分枝；茎基具 2~4 膜质宽鞘；叶二至三回三出全裂，叶片三角形，一回裂片具长柄，卵形或卵圆形，二回裂片卵状三角形，小裂片具粗齿及缺裂；先叶开花。花辐射对称，总状花序；萼片花瓣状，白色；花瓣 5，长为萼片 1/2 或更短，扇状倒卵形，先端具小牙齿；雄蕊多数，花药宽椭圆形，花丝线形；心皮 1~3，窄长圆形，花柱短。骨突果宽线形，基部渐窄成细柄，顶端具短喙，具网脉。种子窄卵圆形，黑色，具网状洼陷。花期 5—6 月，果期 7—9 月。

【秦岭分布】太白山，洋县、佛坪。

【中国分布】甘肃南部、青海东部、四川西部、陕西、云南西北部、西藏东南部。

【生境】生于海拔 2200~3300 米间的山地林下。

【保护级别】近危。

【保护价值】全草或者根状茎可药用，有清热解毒、清心除烦之功效；主要成分环菠萝蜜烷型三萜及其皂苷类成分具有显著的抗肿瘤活性。

【保护措施】加强就地保护，促进野生种群的自然生长与更新。

植株

水青树

Tetracentron sinense Oliv.

昆栏树科 Trochodendraceae 水青树属 *Tetracentron*

【特征】落叶乔木。具长枝与短枝；单叶，单生于短枝顶端，卵状心形，边缘具齿；托叶与叶柄合生。花小，两性，呈穗状花序，着生于短枝顶端，与叶对生或互生，多花；花被片 4，花被淡绿色或黄绿色；雄蕊 4，与花被片对生，与心皮互生；雌蕊单 1，子房上位。蓇葖果。花期 6—7 月，果期 9—10 月。

【秦岭分布】鄠邑、周至、太白、宁陕、佛坪、留坝、洋县、太白山等。

【中国分布】甘肃、陕西、湖北、湖南、四川、贵州、云南等。

【保护级别】国家二级重点保护野生植物。近危。

【生境】生于海拔 1200~2400 米间的山地杂木林中。

【保护价值】单种科植物，古老的孑遗植物。对研究中国古代植物区系的演化、被子植物系统和起源具有重要的科学价值。

【保护措施】加大宣传力度，加强就地保护，促进野生种群的自然生长与更新；积极开展保护生物学研究。

叶

植株

花枝　　花序　　果序

生境

美丽芍药

Paeonia mairei H. Lév.

芍药科 Paeoniaceae 芍药属 *Paeonia*

【特征】多年生草本。叶为二回三出复叶；顶生小叶长圆状卵形至长圆状倒卵形，顶端尾状渐尖，基部楔形，常下延，全缘；侧生小叶长圆状狭卵形，基部偏斜。花单生茎顶；苞片线状披针形，比花瓣长；萼片5，宽卵形；花瓣7~9，红色，倒卵形，顶端圆形；雄蕊多数，离心发育，花丝狭线形，花药黄色，纵裂，花盘浅杯状，包住心皮基部；心皮通常2~3，密生黄褐色短毛，少有无毛，花柱短，柱头外弯，干时紫红色。蓇葖果生有黄褐色短毛或近无毛，顶端具外弯的喙。花期4—5月，果期6—8月。

【秦岭分布】秦岭南北坡。

【中国分布】甘肃东南部、湖北西部、四川中南部、陕西、贵州西部及云南东北部。

叶

种子

花

【生境】生于海拔 1000~2700 米间的山地林下阴湿处。

【保护级别】近危。

【保护价值】根可药用，具有行瘀活血、止痛的功效，花期长，观赏效果佳，可用于布置专类花园、花境、花带。

【保护措施】加大宣传力度，严禁非法盗挖野生资源；加强就地保护，促进野生种群的自然生长与更新；积极开展保护生物学研究，保存优质种源，积极开展良种的培育和栽培技术研究。

生境

紫斑牡丹

Paeonia rockii (S. G. Haw & Lauener) T. Hong & J. J. Li

芍药科 Paeoniaceae 芍药属 *Paeonia*

【特征】落叶灌木。叶为二或三回羽状复叶，小叶 19，卵状披针形，不分裂。花单朵顶生，花大，白色，基部内面具一大紫色斑块；雄蕊极多，花丝和花药全为黄色；心皮 5，密被茸毛，柱头黄色。蓇葖果长椭圆形。花期 4—5 月，果期 6—7 月。

【秦岭分布】秦岭南北坡。

【中国分布】陕西、四川北部、甘肃南部。

【生境】生于海拔 1100~2800 米间的山地疏林下。

【保护级别】国家一级重点保护野生植物。濒危。

【保护价值】根皮可供药用，称"丹皮"，用于凉血散瘀，治中风、腹痛等症；同时，具有很高的观赏价值。

【保护措施】加大宣传力度，加强就地保护，促进野生种群的自然生长与更新；积极开展保护生物学研究，保存优质种源，积极开展良种的繁育和栽培技术研究。

生境

叶

果实

花

植株

太白山紫斑牡丹

Paeonia rockii (S.G. Haw & Lauener) T. Hong & J.J. Li subsp. *taibaishanica* D.Y. Hon

芍药科 Paeoniaceae 芍药属 *Paeonia*

【特征】该物种与紫斑牡丹的区别是小叶卵形到卵形圆形，多数浅裂。花期4—5月，果期6—7月。

【秦岭分布】太白山，周至、太白等。

【中国分布】陕西、甘肃。

【生境】生于海拔 1200~2300 米间的山坡林下。

【保护级别】国家一级重点保护野生植物。濒危。

【保护价值】根皮供药用，称"丹皮"，用于凉血散瘀，治中风、腹痛等症；同时，具有很高的观赏价值。

【保护措施】加大宣传力度，加强就地保护，促进野生种群的自然生长与更新；积极开展保护生物学研究，保存优质种源，积极开展良种的繁育和栽培技术研究。

幼苗

子房

植株

叶

花

生境

小果蜡瓣花

Corylopsis microcarpa Hung T. Chang

金缕梅科 Hamamelidaceae 蜡瓣花属 *Corylopsis*

【特征】落叶灌木。嫩枝纤细；老枝暗褐色，有细小皮孔。叶膜质，倒卵形或倒卵椭圆形；叶柄纤细，有丝毛或变秃；托叶长圆形，早落。总状花序，花序柄与花序轴约相等，均被毛；花细小，近无柄；苞片卵形，内侧多茸毛；萼筒与子房合生或稍分离，萼齿 5，极短；花瓣倒卵形；雄蕊长 2 毫米；退化雄蕊 2 裂；子房半下位；花柱极短。果序生于具有 1~2 叶子的枝顶；蒴果细小，近圆球形。种子黑色。花期 3—5 月，果期 6—8 月。

【秦岭分布】宁强。

【中国分布】甘肃、陕西、四川。

【生境】生于海拔 680 米左右的山地灌丛中。

【保护级别】陕西省重点保护野生植物。濒危。

【保护价值】分布范围较狭窄，生境退化或丧失，受威胁严重。

【保护措施】加大宣传力度，加强就地保护，促进野生种群的自然生长与更新；积极开展保护生物学研究。

植株

叶

花序

生境

牛鼻栓

Fortunearia sinensis Rehder & E.H.Wilson

金缕梅科 Hamamelidaceae 牛鼻栓属 *Fortunearia*

叶

幼果序

果实

生境

开裂果实

花序

【特征】落叶灌木或小乔木。嫩枝有灰褐色柔毛；老枝有稀疏皮孔；芽体细小，无鳞状苞片，被星毛。叶膜质，倒卵形或倒卵状椭圆形，边缘有锯齿，齿尖稍向下弯；托叶早落。花两性；总状花序，花序轴具茸毛；苞片及小苞片披针形，有星毛；萼齿卵形，先端有毛；花瓣狭披针形；雄蕊近于无柄，花药卵形；花柱长反卷。蒴果卵圆形。种子卵圆形，种脐马鞍形，稍带白色。花期3—4月，果期5—6月。

【秦岭分布】商南、石泉、宁陕、宁强、佛坪等。

【中国分布】陕西、河南、四川、湖北、安徽、江苏、江西及浙江等省。

【生境】生于海拔500~1220米间的山地灌丛中。

【保护级别】陕西省重点保护野生植物。易危。

【保护价值】种子含不饱和脂肪酸，具有预防和治疗心血管系统疾病和抗癌的功效，叶亦可入药；该种尽管分布较广，但一般分布零散，单个居群数量较少，具有重要的研究价值。

【保护措施】加大宣传力度，加强就地保护，促进野生种群的自然生长与更新；积极开展保护生物学研究。

山白树

Sinowilsonia henryi Hemsl.

金缕梅科 Hamamelidaceae 山白树属 *Sinowilsonia*

【特征】落叶灌木或小乔木。叶纸质或膜质，倒卵形，稀为椭圆形，叶柄有星毛；托叶线形，早落。雄花总状花序，萼筒极短，萼齿匙形；雄蕊近于无柄，花丝极短，与萼齿基部合生，花药2室；雌花穗状花序，花序轴有星状茸毛；萼筒壶形，均有星毛；退化雄蕊5，子房上位。蒴果卵圆形，被灰黄色长丝毛。种子黑色，有光泽，种脐灰白色。花期3—5月，果期6—8月。

【秦岭分布】鄠邑、眉县、宁陕、商南、镇安、汉台、佛坪、洋县、太白山等。

【中国分布】湖北、四川、河南、陕西及甘肃等省。

【生境】生于海拔850~1850米间的山地灌丛或杂木林中。

【保护级别】陕西省重点保护野生植物。易危。

【保护价值】中国特有的单种属植物，对于阐明相关类群的起源和进化有较重要的科学价值。

【保护措施】加大宣传力度，加强迁地和就地保护，促进野生种群的自然生长与更新；同时，积极开展保护生物学研究。

叶

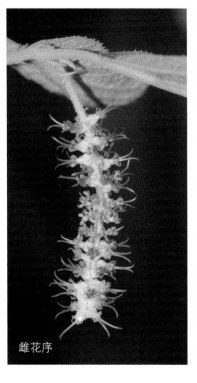

雌花序

开裂果实

雌花序

雄花序

幼果

种子

成熟果实

生境

水丝梨

Sycopsis sinensis Oliv.
假蚊母
金缕梅科 Hamamelidaceae 水丝梨属 *Sycopsis*

【特征】常绿乔木。嫩枝被鳞垢；老枝暗褐色。叶革质，长卵形或披针形；上面深绿色，下面橄榄绿色，略有稀疏星状柔毛，通常嫩叶两面有星状柔毛、兼有鳞垢。雄花和两性花同株，雄花穗状花序密集；苞片红褐色，卵圆形，有星毛；萼筒极短，萼齿细小，卵形；雄蕊花丝纤细，花药先端尖锐，红色；退化雌蕊有丝毛，花柱反卷；雌花或两性花排成短穗状花序；萼筒壶形，有丝毛，子房上位，有毛。蒴果，宿存萼筒被鳞垢，花柱宿存。种子褐色。花期4—6月，果期7—9月。

【秦岭分布】山阳、商南、太白等。

【中国分布】陕西、四川、云南、贵州、湖北、安徽、浙江、江西、福建、台湾、湖南、广东、广西等。

【生境】生于海拔800~1620米间的山谷灌丛中。

【保护级别】陕西省重点保护野生植物。

【保护价值】常绿灌木或小乔木，适应性较强，可用于园林绿化。

【保护措施】加大宣传力度，加强迁地和就地保护，促进野生种群的自然生长与更新；同时，积极开展繁殖和栽培技术研究。

枝

叶背面

生境

花蕾

花枝

雄花

两性花

柱头

幼果

连香树

Cercidiphyllum japonicum Siebold & Zucc. ex J.J. Hoffm. & J.H. Schult. bis

连香树科 Cercidiphyllaceae 连香树属 *Cercidiphyllum*

树干

叶

雄花

生境

幼果

【特征】落叶大乔木。枝有长枝、短枝之分，短枝在长枝上对生。生短枝上的叶近圆形，生长枝上的叶椭圆形或三角形，花单性，雌雄异株，先叶开放；每花有1枚苞片；无花被，雄花丛生，雄蕊花药条形，红色，药隔延长成附属物；雌花4~8，心皮离生。蓇葖果。花期4月，果期8月。

【秦岭分布】秦岭南北坡。

【中国分布】陕西、山西西南部、河南、甘肃、安徽、浙江、江西、湖北及四川。

【生境】生于海拔1200~2500米间的山地杂木林中。

【保护级别】国家二级重点保护野生植物。

【保护价值】我国单种属植物，树干高大，寿命长，可供观赏；树皮及叶均含鞣质，可以制栲胶。连香树科为东亚植物区系特征科，因其在系统演化中处于原始地位，对植物的系统演化研究具有重要价值。

【保护措施】加大宣传力度，加强迁地和就地保护，促进野生种群的自然生长与更新；同时，积极开展繁殖和栽培技术研究。

果实

秦岭岩白菜

Bergenia scopulosa T. P. Wang

虎耳草科 Saxifragaceae 岩白菜属 *Bergenia*

幼苗

【特征】多年生草本。根状茎粗壮，密被褐色鳞片和残叶鞘，沿石隙匍生，半暴露。叶均基生；叶片革质，圆形、阔卵形至阔椭圆形，两面具小腺窝。花葶中部以上具 1 披针形苞叶；聚伞花序；花较大，红色或粉色，托杯紫红色；萼片 5，革质；花瓣 5，椭圆形、阔卵形至近圆形；雄蕊 10；子房卵球形；花柱 2，柱头大，盾状。蒴果，先端 2 瓣裂。种子黑色，具棱。花果期 4—9 月。

【秦岭分布】长安、鄠邑、眉县、华阴、宁陕、略阳、留坝，太白山等。

【中国分布】陕西南部。

【生境】生于海拔 800~1600 米间的石岩缝隙中。

【保护级别】陕西省重点保护野生植物。易危。

【保护价值】秦岭特有种。秦岭岩白菜为太白七药"盘龙七"的基原植物，"陕西十大特色秦药"之一；根状茎入药，补脾健胃，除湿活血，清热败毒，收敛。此外，具有很高的观赏价值。

【保护措施】加大宣传力度，加强迁地和就地保护，促进野生种群的自然生长与更新；同时，积极开展繁殖和栽培技术研究。

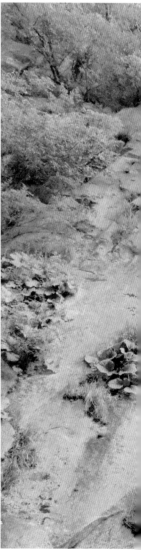

榛林

花序

果序

生境

小丛红景天

Rhodiola dumulosa (Franch.) S. H. Fu

景天科 Crassulaceae 红景天属 *Rhodiola*

【特征】多年生草本。根状茎粗壮，分枝，地上部分常被有残留的老枝。花茎聚生主轴顶端，不分枝。叶互生，线形至宽线形，基部无柄，全缘。花序聚伞状；萼片5，线状披针形；花瓣5，白或红色，披针状长圆形；雄蕊10，较花瓣短；心皮5，卵状长圆形，直立，基部1~1.5毫米合生。种子长圆形，有微乳头状突起，有狭翅。花期6—7月，果期8月。

【秦岭分布】太白山，宝鸡，柞水、鄠邑、周至、留坝、佛坪、洋县等。

【中国分布】四川西北部、青海、甘肃、陕西、湖北、山西、河北、内蒙古、吉林。

【生境】生于海拔2200~3700米间的山坡或石隙中。

【保护级别】陕西省重点保护野生植物。CITES：Ⅱ。

【保护价值】小丛红景天为太白七药"凤尾七"的基原植物，素有"高原人参"和"雪山仙草"之称；根状茎药用，有补肾、养心安神、调经活血、明目之效。

【保护措施】加大宣传力度，加强就地保护，促进野生种群的自然生长与更新。

枝叶

植株

花

幼果

生境

云南红景天

Rhodiola yunnanensis (Franch.) S. H. Fu
肿果红景天、圆叶红景天、菱叶红景天
景天科 Crassulaceae 红景天属 *Rhodiola*

叶

花序

生境

果实

【特征】多年生草本。根状茎肉质，粗长，花茎直立圆；3 叶轮生，叶无柄。聚伞圆锥花序；雌雄异株；雄花小而多，萼片披针形，化瓣黄绿色，匙形；雄蕊 2 轮，较花瓣短；心皮 4，卵形，基部合生。蓇葖果。花期 5—7 月，果期 7—8 月。

【秦岭分布】秦岭南北坡。

【中国分布】陕西、四藏、云南、贵州、湖北西部、四川。

【生境】生于海拔 1000~3000 米间的山地林下或岩石上。

【保护级别】国家二级重点保护野生植物。近危。CITES：Ⅱ。

【保护价值】全草入药，可以行强壮、抗缺氧、抗寒冷、抗疲劳、抗微波辐射及兴奋大脑和脊髓；此外，还具有一定的观赏价值。

【保护措施】加强就地保护，促进野生种群的自然生长与更新。

植株

秦岭黄耆

Astragalus henryi Oliv.

豆科 Leguminosae 黄耆属 *Astragalus*

叶

花序

生境

果实

【特征】小灌木。主根深长，多分枝。茎具条棱，疏被白色柔毛。羽状复叶；托叶离生，膜质，披针形或卵状披针形；小叶卵圆形或长圆状卵形。总状花序，顶生的总花梗较叶短，常集成圆锥花序式；苞片披针形，背面疏被白色短柔毛；花萼钟状；花冠黄色或淡紫色；子房披针形，具长柄。荚果椭圆形，先端锐尖，基部具长果颈，种子1~2。花期6—7月，果期10月。

【秦岭分布】华阴、渭南、长安、鄠邑、宁陕、柞水等。

【中国分布】陕西、湖北西部。

【生境】生于海拔1800~2500米间的山坡草地或杂木林下。

【保护级别】陕西省重点保护野生植物。易危。

【保护价值】根在鄂西代黄芪用，有活血、补血的功效。

【保护措施】加大宣传力度，加强就地保护，促进野生种群的自然生长与更新。

植株

蒙古黄耆

Astragalus mongholicus Bunge
膜荚黄耆、一人挺、黄芪、木黄芪、紫花黄耆、黄耆
豆科 Fabaceae 黄耆属 *Astragalus*

【特征】多年生草本。高 50~100 厘米。主根肥厚，木质。茎直立，上部多分枝，有细棱，被白色柔毛；羽状复叶有 13~27 小叶，小叶椭圆形或长圆状卵形。总状花序稍密，有花 10~20；总花梗与叶近等长或较长，果期显著伸长；花萼钟状；花冠黄色或淡黄色，旗瓣倒卵形，翼瓣较旗瓣稍短，龙骨瓣与翼瓣近等长；子房有柄。荚果薄膜质，稍膨胀，半椭圆形。种子 3~8。花期 6—8 月，果期 7—9 月。

【秦岭分布】华阴、眉县等。

【中国分布】黑龙江、吉林、内蒙古、河北、山西、山东、陕西、新疆、西藏。

【生境】生于海拔 1200 米左右的山坡草地或灌丛、林缘。

【保护级别】易危。

【保护价值】稀少作黄芪入药，具补气固表、利尿排毒、排脓和敛疮生肌之功效，在保护心肌、调节血压、提高人体免疫力等方面具有很好的疗效。

【保护措施】加强迁地和就地保护，积极开展珍稀濒危植物的保护生物学研究；保存优质种源，积极开展良种的繁育和栽培技术研究。

植株

花

黄檀

Dalbergia hupeana Hance

豆科 Fabaceae 黄檀属 *Dalbergia*

【特征】乔木。树皮暗灰色。幼枝淡绿色。羽状复叶；小叶 3~5 对，近革质，细脉隆起。圆锥花序顶生或生于最上部的叶腋间，疏被锈色短柔毛；花密集；花梗与花萼同疏被锈色柔毛；花萼钟状，萼齿 5；花冠白色或淡紫色，各瓣均具柄；雄蕊 10；子房具短柄，花柱纤细，柱头小，头状。荚果长圆形或阔舌状，果瓣薄革质。种子肾形。花期 5—7 月。

【秦岭分布】华阴、商南、丹凤、宁陕、洋县、勉县、略阳等。

【中国分布】陕西、山东、江苏、安徽、浙江、江西、福建、湖北、湖南、广东、广西、四川、贵州、云南。

【生境】生于海拔 530~1200 米间的山地灌丛或疏林中。

【保护级别】近危。CITES：II。

【保护价值】根药用，可治疔疮；木材黄色或白色，材质坚密，能耐强力冲撞，常用于制造车轴、榨油机轴心、枪托和各种工具柄等。

【保护措施】保存优质种源，积极开展良种的繁育和栽培技术研究。

花枝

花序

花

生境

野大豆

Glycine soja Siebold & Zucc.

乌豆、野黄豆、白花野大豆、山黄豆

豆科 Leguminosae 大豆属 *Glycine*

【特征】一年生缠绕草本。茎、小枝纤细，全体疏被褐色长硬毛。叶具3小叶。总状花序较短；花小，花梗密生黄色长硬毛；苞片披针形；花萼钟状，密生长毛；花冠淡红紫色或白色，旗瓣近圆形，翼瓣斜倒卵形，有明显的耳，龙骨瓣比旗瓣及翼瓣短小，花柱短而向一侧弯曲。荚果长圆形，两侧稍扁。花期5—6月，果期6—8月。

【秦岭分布】秦岭南北坡。

【中国分布】除新疆、青海和海南外，遍布全国各地。

【生境】生于海拔300~1660米间的山坡、山谷、河岸、田边草丛或灌丛中。

【保护级别】国家二级重点保护野生植物。

【保护价值】全草可药用，有补气血、行强壮、利尿等功效；又可作为水土保持植物；与大豆是近缘种，为大豆育种的优良种质资源。

【保护措施】保护现有优良种质资源，积极开展良种培育和栽培技术研究。

叶

花

植株

果实

成熟果实

生境

齿翅岩黄耆

Hedysarum dentatoalatum K. T. Fu

豆科 Leguminosae 岩黄耆属 *Hedysarum*

【特征】多年生草本。茎直立，具沟纹，被疏柔毛。托叶三角状披针形；叶轴被疏柔毛；小叶具短叶柄；小叶片长卵形或卵状披针形。总状花序腋生，具总花梗；花 20~30；小苞片线形，外被疏柔毛；萼筒长为萼齿的 2/3~1/2，萼齿 5，线状披针形，下萼齿稍长于上萼齿；花冠黄色或淡黄白色。荚果下垂，近圆形或椭圆形，边缘具宽达 3 毫米的翅，翅上具不整齐的长牙齿。花期 5 月，果期 6 月。

【秦岭分布】商洛，山阳等。

【中国分布】河南、陕西。

【生境】生于海拔 1200 米左右的山地灌丛中。

【保护级别】陕西省重点保护野生植物。

【保护价值】根药用，有补气固表、利尿排毒、排脓、敛疮、生肌等功效。

【保护措施】加大宣传力度，严禁采挖，促进自然更新与繁殖。

（刘培亮　摄）

花枝

花序

果序

太白岩黄耆

Hedysarum taipeicum (Hand.–Mazz.) K. T. Fu

豆科 Leguminosae 岩黄耆属 *Hedysarum*

叶

花序

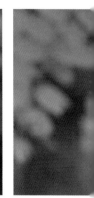

生境

果实

【特征】多年生草本。根为直根系，近圆锥状，稍肥厚；根颈向上分枝，形成多数丛生的地上茎。茎直立，被灰白色短柔毛。托叶披针形，棕褐色干膜质，合生至中部以上；无明显的叶柄；小叶 15~27，小叶片长卵形、卵状长圆形或椭圆形。总状花序腋生，花序轴被灰白色短柔毛；花多数；苞片狭披针形；萼钟状，密被灰白色短柔毛，萼齿披针形；花冠淡黄色。荚果 2~5 节，节荚倒卵形或圆形，两侧扁平，边缘具狭翅。花期 6—7 月，果期 7—8 月。

【秦岭分布】长安、柞水，太白山等。

【中国分布】陕西、湖北、甘肃。

【生境】生于海拔 1500~3300 米间的山地草丛或石隙中。

【保护级别】陕西省重点保护野生植物。濒危。

【保护价值】根入药，具补气升阳、益气固表功效；数量稀少，亦具有重要的科学研究价值。

【保护措施】加大宣传力度，加强就地保护，促进野生种群的自然生长与更新。

植株

红豆树

Ormosia hosiei Hemsl. & E.H.Wilson

江阴红豆、鄂西红豆、何氏红豆、花梨木

豆科 Leguminosae 红豆属 *Ormosia*

【特征】常绿或落叶乔木。奇数羽状复叶，小叶 2 对，薄革质，卵形或卵状椭圆形。圆锥花序顶生或腋生，下垂；花疏，有香气；花萼钟形，紫绿色，密被褐色短柔毛；花冠白色或淡紫色，旗瓣倒卵形，翼瓣与龙骨瓣均为长椭圆形；雄蕊 10，花药黄色；子房内有胚珠 5~6 枚，花柱紫色，线状，弯曲，柱头斜生。荚果近圆形，扁平。花期 4—5 月，果期 10—11 月。

【秦岭分布】宁陕、佛坪、石泉、略阳等。

【中国分布】陕西南部、甘肃东南部、江苏、安徽、浙江、江西、福建、湖北、四川、贵州。

【生境】生于海拔 280~900 米间的山地疏林中。

【保护级别】国家二级重点保护野生植物。濒危。

【保护价值】根与种子可入药；木材坚硬细致，纹理美丽，有光泽；边材不耐腐，易受虫蛀；心材耐腐朽，为优良的木雕工艺及高级家具等用材；树姿优雅，为很好的庭园绿化树种。

【保护措施】加大宣传力度，严禁非法盗挖野生资源；加强就地保护，促进野生种群的自然生长与更新；积极开展保护生物学研究，保存优质种源，积极开展人工引种繁育及野外回归工作。

树干

花（卢元 摄）

枝

花枝（卢元　摄）

甘肃桃

Amygdalus kansuensis (Rehder) Skeels

蔷薇科 Rosaceae 李属 *Prunus*

花

花

果实

生境

【特征】落叶乔木或灌木。单叶互生，叶卵状披针形或披针形，疏生细锯齿。花单生，先叶开放；花梗极短或几无梗；萼筒钟形，萼片卵形或卵状长圆形，被柔毛；花瓣近圆形或宽倒卵形，白或浅粉红色；花柱长于雄蕊。核果卵圆形或近球形，熟时淡黄色，密被柔毛，肉质，不裂；核近球形，具纵、横浅沟纹，无孔穴。花期3—4月，果期8—9月。

【秦岭分布】秦岭南北坡。

【中国分布】陕西、甘肃、湖北、四川。

【生境】生于海拔370~1900米间的山谷、山坡、河岸灌丛或疏林中。

【保护级别】国家二级重点保护野生植物。

【保护价值】甘肃桃的桃仁具有很高的营养价值；根系发达，具有较强的抗旱、抗寒能力，从而被广泛用作桃砧木；对南方根结线虫免疫，是优良的育种材料；也可供观赏。

【保护措施】加大宣传力度，严禁非法盗挖野生资源；加强就地保护，促进野生种群的自然生长与更新；积极开展保护生物学研究，保存优质种源，积极开展良种的培育和栽培技术研究。

（刘培亮　摄）

花枝

红果树

Stranvaesia davidiana Decne.
斯脱兰威木、柳叶红果树
蔷薇科 Rosaceae 红果树属 *Stranvaesia*

叶

【特征】常绿灌木或小乔木。枝条密集；小枝粗壮，圆柱形。叶片长圆形、长圆披针形或倒披针形，全缘；叶柄被柔毛，逐渐脱落；托叶膜质，早落。复伞房花序，密具多花；总花梗和花梗均被柔毛，花梗短；萼筒外面有稀疏柔毛；萼片三角卵形，先端急尖，全缘，外被少数柔毛；花瓣近圆形，基部有短爪，白色；雄蕊花药紫红色；花柱 5，大部分连合，柱头头状；子房顶端被茸毛。果实近球形，橘红色；萼片宿存，直立。种子长椭圆形。花期 5—6 月，果期 9—10 月。

【秦岭分布】秦岭南坡。

【中国分布】云南、广西、贵州、四川、江西、陕西、甘肃。

【生境】生于海拔 550~1650 米间的山沟河岸或山坡灌丛中。

【保护级别】陕西省重点保护野生植物。

【保护价值】植物体提取物对于预防和治疗糖尿病及其并发症具有重要的作用；亦是花果叶观赏价值极佳的野生观赏植物资源。

【保护措施】采取就地保护，结合迁地保护，保存种质资源，积极开展人工繁育和栽培技术研究。

果实

花

果枝

生境

翅果油树

Elaeagnus mollis Diels
柴禾、仄棱蛋、贼绿柴、毛折子
胡颓子科 Elaeagnaceae 胡颓子属 *Elaeagnus*

叶

花枝

花

果枝

花序

【特征】落叶直立乔木或灌木。密被灰绿色星状茸毛和鳞片，老枝茸毛和鳞片脱落。单叶互生，叶纸质。卵形或卵状椭圆形。花灰绿色，下垂，芳香，密被灰白色星状茸毛；常1~3花簇生幼枝叶腋；萼筒钟状，花冠缺，雄蕊4，子房下位，圆球形，为膨大肉质化的萼管所包围。果实近圆形或阔椭圆形，具明显的8棱脊，翅状；果核纺锤形。花期4—5月，果期8—9月。

【秦岭分布】鄠邑、周至。

【中国分布】山西、陕西。

【生境】生于海拔900~1300米间的山地疏林中。

【保护级别】国家二级重点保护野生植物。

【保护价值】第四纪冰川孑遗植物。根系发达，具根瘤，具有保持水土、防风固沙、提高土壤肥力和改良土壤等作用；种子也具有较高的营养价值。

【保护措施】加大宣传力度，严禁非法盗挖野生资源；加强就地保护，促进野生种群的自然生长与更新；保存优质种源，积极开展人工引种繁育及野外回归工作。

果实

成熟果实

刺榆

Hemiptelea davidii (Hance) Planch.

榆科 Ulmaceae 刺榆属 *Hemiptelea*

树干

【特征】落叶小乔木，呈灌木状。树皮深灰色或褐灰色，不规则的条状深裂；小枝灰褐色或紫褐色，被灰白色短柔毛，具粗而硬的棘刺。叶椭圆形或椭圆状矩圆形，叶背淡绿；叶柄短，被短柔毛；托叶边缘具睫毛。花杂性，具梗，与叶同时开放；花被 4~5 裂，呈杯状，雄蕊与花被片同数，雌蕊具短花柱，柱头 2，条形，子房侧向压扁。小坚果斜卵圆形，两侧扁，在背侧具窄翅，形似鸡头，翅端渐狭呈缘状。花期 4—5 月，果期 9—10 月。

【秦岭分布】宝鸡，华阴、华州、凤县、商州等。

【中国分布】吉林、辽宁、内蒙古、河北、山西、陕西、甘肃、山东、江苏、安徽、浙江、江西、河南、湖北、湖南和广西北部。

【生境】生于海拔 1200 米以下的石砾山地。

【保护级别】陕西省重点保护野生植物。

【保护价值】该物种耐干旱贫瘠，各种土质均能生长，是优良的固沙树种，在维持区域生态系统功能及生物多样性保护方面具有积极的作用。

【保护措施】加强就地保护，促进野生种群的自然生长与更新；积极开展保护生物学研究，保存优质种源，积极开展人工引种繁育及野外回归工作。

成熟果实

花枝

幼果

果枝

大叶榉树

Zelkova schneideriana Hand.–Mazz.

榆科 Ulmaceae 榉属 *Zelkova*

【特征】乔木。树皮灰褐色至深灰色，呈不规则的片状剥落；当年生枝灰绿色或褐灰色，密生伸展的灰色柔毛。叶厚纸质，大小形状变异很大，卵形至椭圆状披针形，叶面绿，干后深绿至暗褐色，被糙毛，叶背浅绿，干后变淡绿至紫红色，密被柔毛；叶柄粗短，被柔毛。雄花簇生于叶腋，雌花或两性花常单生于小枝上部叶腋。核果几乎无梗，淡绿色，斜卵状圆锥形，上面偏斜。花期4月，果期9—11月。

【秦岭分布】太白、凤县。

【中国分布】陕西、甘肃南部、江苏、安徽、浙江、江西、福建、河南南部、湖北、湖南、广东、广西、四川东南部、贵州、云南和西藏东南部。

生境

【生境】生于海拔 900~1850 米间的山坡疏林或河溪岸边。

【保护级别】国家二级重点保护野生植物。近危。

【保护价值】树皮和叶入药，具有清热解毒、止血、利水和安胎等功效；生长较慢，材质优良，用于制造船只、桥梁、高档家具及工艺品；叶片秋季变黄，具有很高的园林观赏价值。

【保护措施】加强就地保护，促进野生种群的自然生长与更新；积极开展保护生物学研究，保存优质种源，积极开展人工引种繁育及野外回归工作。

枝

叶腹面

果枝及叶背面

果实

尖叶栎

Quercus oxyphylla (E. H. Wilson) Hand.–Mazz.

壳斗科 Fagaceae 栎属 *Quercus*

【特征】常绿乔木。树皮黑褐色，纵裂。小枝密被苍黄色星状茸毛，常有细纵棱。叶片卵状披针形、长圆形或长椭圆形，顶端渐尖或短渐尖，基部圆形或浅心形，叶缘上部有浅锯齿或全缘，幼叶两面被星状茸毛，老时仅叶背被毛；叶柄密被苍黄色星状毛。壳斗杯形，包着约 1/2 坚果，连小苞片直径 1.8~2.5 厘米；小苞片线状披针形，先端反曲，被苍黄色茸毛。坚果长椭圆形或卵形，顶端被苍黄色短茸毛；果脐微突起。花期 5—6 月，果期翌年 9—10 月。

【秦岭分布】秦岭南坡。

【中国分布】陕西、甘肃、安徽、浙江、福建，南至广西，西南至四川、贵州。

【生境】生于海拔 500~1100 米间的沙坡灌丛或沟谷河岸。

【保护级别】国家二级重点保护野生植物。濒危。

【保护价值】常绿阔叶树种，具有较高的园林绿化价值。

【保护措施】加大宣传力度，加强就地保护，促进野生种群的自然生长与更新；保存优质种源，积极开展人工引种繁育及野外回归工作。

果枝

枝

幼果苞片

生境

青钱柳

Cyclocarya paliurus (Batalin) Iljinsk.

胡桃科 Juglandaceae 青钱柳属 *Cyclocarya*

枝

雌花枝

植林

雄花枝

【特征】落叶高大乔木。树皮灰色；枝条黑褐色，具灰黄色皮孔。奇数羽状复叶；小叶 7~9，纸质；叶缘具锐锯齿，上面被有腺体，下面网脉明显凸起，被有灰色细小鳞片及盾状着生的黄色腺体，沿中脉和侧脉生短柔毛。雄性荑荑花序；花序轴密被短柔毛及盾状着生的腺体，雄花具花梗；雌性荑荑花序单独顶生，花序轴常密被短柔毛。坚果扁球形，由苞片及 2 枚小苞片愈合而发育成的水平向的圆形或近圆形的果翅，果实内具 1 不完全的隔膜。花期 4—5 月，果期 7—9 月。

【秦岭分布】秦岭南坡。

【中国分布】陕西、安徽、江苏、浙江、江西、福建、台湾、湖北、湖南、四川、贵州、广西、广东和云南东南部。

【生境】生于海拔 1100~1400 米间的山谷河岸。

【保护级别】陕西省重点保护野生植物。

【保护价值】中国特有单种属植物。青钱柳具有极佳的药用价值，可用来治疗糖尿病、高血脂和高血压等"三高"疾病，还具有止疼、抗炎等功效；亦可作为园林绿化观赏树种。

【保护措施】加强迁地和就地保护，积极开展保护生物学研究；保存优质种源，积极开展良种的繁育和栽培技术研究。

雌花序

果实

成熟果实

湖北枫杨

Pterocarya hupehensis Skan

胡桃科 Juglandaceae 枫杨属 *Pterocarya*

【特征】乔木。小枝深灰褐色，无毛或被稀疏的短柔毛，皮孔灰黄色，显著；芽显著具柄，裸出，黄褐色，密被盾状着生的腺体。奇数羽状复叶，小叶 5~11，纸质，叶缘具单锯齿，上面暗绿色，被细小的疣状凸起及稀疏的腺体，沿中脉具稀疏的星芒状短毛，下面浅绿色，在侧脉腋内具 1 束星芒状短毛，侧生小叶具小叶柄。雄花序具短而粗的花序梗；雄花无柄，花被片仅 2 或 3 发育；雌花序顶生，下垂；雌花的苞片无毛或具疏毛，小苞片及花被片均无毛而仅被有腺体。果序轴近于无毛或有稀疏短柔毛；坚果翅阔，椭圆状卵形。花期 4—5 月，果期 8 月。

【秦岭分布】秦岭南北坡。

【中国分布】湖北西部至四川西部、陕西至贵州北部。

【生境】生于海拔 950~1650 米间的山谷河岸。

【保护级别】易危。

【保护价值】民间常用的抗风湿药物，含有丰富的黄酮成分，具抗肺癌、抗肿瘤活性功效；此外，还具有很高的观赏价值。

【保护措施】加大宣传力度，加强就地保护，促进野生种群的自然生长与更新；积极开展保护生物学研究，保存优质种源，积极开展人工引种繁育及野外回归工作。

叶　　雌花序

雄花序　　果序

椆林

桤木

Alnus cremastogyne Burkill

桦木科 Betulaceae 桤木属 *Alnus*

叶腹面

【特征】高大乔木。树皮灰色，平滑；枝条灰色或灰褐色；小枝褐色。叶倒卵形、倒卵状矩圆形、倒披针形或矩圆形，上面疏生腺点，幼时疏被长柔毛，下面密生腺点，脉腋间有时具簇生的髯毛。雄花序单生；雌花序单生于叶腋，雌花无花被；子房 2 室，每室具 1 倒生胚珠；花柱短，柱头 2。果序矩圆形，柔软，下垂；果苞木质；小坚果卵形，膜质翅宽仅为果的 1/2。花期 5—7 月，果期 8—9 月。

【秦岭分布】秦岭南坡。

【中国分布】四川、贵州、陕西、甘肃等。

【生境】生于海拔 500~3000 米的山坡或岸边的林中。

【保护级别】陕西省重点保护野生植物。

【保护价值】树皮可平肝利气，用于治疗鼻衄、崩症、风火目赤；嫩枝叶可清热降火，止血止泻；桤木属是现存桦木科植物中最原始的属，也是北半球新生代植物区系的重要植物类群；为非豆科固氮树种，根系富含根瘤，可改良土壤，是重要的先锋造林与生态功能树种，亦可用作公园、庭园低湿地的庭荫树。

【保护措施】加大宣传力度，严禁非法盗挖野生资源；加强就地保护，促进野生种群的自然生长与更新；积极开展保护生物学研究，保存优质种源，积极开展人工引种繁育及野外回归工作。

花枝

叶背面

雌花序

果序

生境

心籽绞股蓝

Gynostemma cardiospermum Cogn. ex Oliv.

葫芦科 Cucurbitaceae 绞股蓝属 *Gynostemma*

叶

雄花

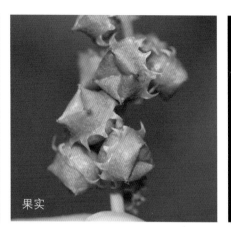

果实

生境

种子

【特征】草质攀缘植物。茎细弱，具纵棱及沟。叶片膜质，鸟足状，具小叶3~7；小叶片披针形或长圆状椭圆形，小叶柄短。卷须细，上部2歧。花小，雌雄异株；雄花排列成狭圆锥花序，与叶等长，序轴细弱；花萼裂片长圆状披针形；花冠5深裂，裂片披针形，尾状渐尖，具1条脉；花丝合生成圆柱形，花药卵形，纵裂；雌花排列成总状花序；花被同雄花，子房下位，疏被长柔毛，花柱3，短粗，略叉开，柱头半月形，外缘具不规则的裂齿；胚珠成对，下垂。蒴果球形或近钟状，中部具宿存花萼裂片5，顶端平截，具3冠状物，果皮薄壳质。种子阔心形，微压扁，表面具皱纹及疣状凸起，边缘具沟及狭翅。花期6—8月，果期8—10月。

【秦岭分布】长安、眉县、周至。

【中国分布】湖北西部、陕西、甘肃、重庆和四川。

【生境】生于海拔1300~2360米间的山地灌丛或疏林下。

【保护级别】濒危。

【保护价值】全草可以入药，主治风湿疼痛、湿热黄疸、疮毒、瘰疬疮疡等症。心籽绞股蓝提取物可抑制番茄灰霉病菌活性。

【保护措施】加强就地保护，促进野生种群的自然生长与更新；保存优质种源，积极开展良种的繁育和栽培技术研究。

果序

玉皇柳

Salix yuhuangshanensis C. Wang & C.Y. Yu

杨柳科 Salicaceae 柳属 *Salix*

【特征】灌木或小乔木。枝褐色或褐红色。芽卵圆形，橙红色。叶卵形或菱状卵圆形，先端短渐尖或急尖，基部圆形，上面绿色，干后变黑色，稍具皱纹，有疏柔毛，沿脉密被柔毛，下面苍白色，有白色疏柔毛，边缘有浅锯齿，叶柄上面具柔毛。雌花序有花序梗，其上有 2 小叶，轴有密柔毛；子房卵圆形，近无柄，密被白色柔毛、花柱长为子房的 1/4，柱头 2 裂；苞片长圆形，内面有白色长柔毛，外面具疏柔毛；腺体 1，腹生，圆柱形。花期 5 月，果期 6 月。

【秦岭分布】鄠邑、凤县。

叶

果序

植株

【中国分布】陕西。

【生境】生于海拔 2600~2850 米间的山坡林缘。

【保护级别】濒危。

【保护价值】山地森林植被的重要组分，同时具有很高的研究和观赏价值。

【保护措施】加强就地保护，促进种群的自然生长与更新；保存优质种源，积极开展繁殖和栽培等技术研究。

生境

甘遂

Euphorbia kansui T. N. Liou ex S. B. Ho
漂甘遂、猫儿眼
大戟科 Euphorbiaceae 大戟属 *Euphorbia*

【特征】多年生草本。根圆柱状，末端呈念珠状膨大。茎自基部多分枝或仅有 1~2 分枝，每个分枝顶端分枝或不分枝。叶互生，线状披针形、线形或线状椭圆形，全缘；总苞叶 3~6，倒卵状椭圆形；苞叶 2，三角状卵形。花序单生于二歧分枝顶端；总苞杯状；腺体 4，新月形，暗黄色至浅褐色；雄花多数；雌花 1，柱头 2 裂。蒴果三棱状球形。种子长球状。花期 4—6 月，果期 6—8 月。

【秦岭分布】秦岭北坡低山。

【中国分布】河南、山西、陕西、甘肃和宁夏。

【生境】生于草坡、田埂或路旁。

【保护级别】陕西省重点保护野生植物。

【保护价值】根可药用，具有泄水逐饮、消肿散结的功效。全株有毒，根毒性大，易致癌，宜慎用。

【保护措施】加大宣传力度，加强就地保护，促进野生种群的自然生长与更新；保存优质种源，积极开展良种的繁育和栽培技术研究。

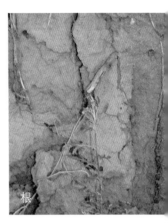

根

植株

枝

花序

生境

瘿椒树

Tapiscia sinensis Oliv.
银鹊树、丹树、瘿漆树、皮巴风、泡花
瘿椒树科 Tapisciaceae 瘿椒树属 *Tapiscia*

叶

雄花序

花枝和果枝

两性花序

【特征】落叶乔木。树皮灰黑色或灰白色；芽卵形。奇数羽状复叶，基部心形或近心形，边缘具锯齿，两面无毛或仅背面脉腋被毛，上面绿色，背面带灰白色，密被近乳头状白粉点。圆锥花序腋生，雄花与两性花异株；两性花：花萼钟状，5浅裂；花瓣5，狭倒卵形；雄蕊5，与花瓣互生，伸出花外；子房1室，有1枚胚珠，花柱长过雄蕊；雄花有退化雌蕊。核果近球形或椭圆形。花期5月，果期翌年7—9月。

【秦岭分布】宁陕、佛坪、留坝、宁强等。

【中国分布】陕西、浙江、安徽、湖北、湖南、广东、广西、四川、云南、贵州。

【生境】生于海拔1070~1800米间的山沟杂木林中。

【保护级别】陕西省重点保护野生植物。

【保护价值】我国特有的古老树种，对研究我国亚热带植物区系与瘿椒树科植物的系统发育有重要的科学价值；木材材质轻软，纹理直，刨面光滑，易加工，可做家具、板料；树姿美观，秋叶黄色，又可作园林绿化树种。

【保护措施】加大宣传力度，严禁非法盗挖野生资源；加强就地保护，促进野生种群的自然生长与更新；积极开展保护生物学研究，保存优质种源，积极开展人工引种繁育和野外回归研究工作。

果实

血皮槭

Acer griseum (Franch.) Pax
马梨光、陕西槭、秃梗槭
无患子科 Sapindaceae 槭属 *Acer*

树干

叶

雄花

生境

【特征】落叶乔木。树皮赭褐色，常成卵形，纸状的薄片脱落。小枝圆柱形，当年生枝淡紫色，密被淡黄色长柔毛，多年生枝深紫色或深褐色。复叶有3小叶；小叶纸质，卵形，椭圆形或长圆椭圆形，边缘有2~3钝形大锯齿；叶柄有疏柔毛，嫩时更密。聚伞花序有长柔毛；花淡黄色，雄花与两性花异株；萼片长圆卵形；花瓣长圆倒卵形；雄蕊10，花丝无毛，花药黄色；花盘位于雄蕊的外侧；子房有茸毛。小坚果黄褐色，密被黄色茸毛；果翅张开近于锐角或直角。花期4月，果期9月。

【秦岭分布】华阴、长安、鄠邑、眉县、山阳、宁陕、佛坪等。

【中国分布】河南西南部、陕西、甘肃东南部、湖北西部和四川东部。

【生境】生于海拔1000~2050米间的山地疏林中。

【保护级别】陕西省重点保护野生植物。易危。

【保护价值】血皮槭树干呈赭褐色，树皮纸状卷曲剥落，秋季叶色红艳，是世界著名彩干兼彩叶树种，观赏价值极高；同时，是珍贵的木材资源；果皮可提取栲胶，种子含较多的蛋白质和脂肪酸。

【保护措施】加大宣传力度，严禁非法盗挖野生资源；加强就地保护，促进野生种群的自然生长与更新；积极开展保护生物学研究，保存优质种源，积极开展人工引种繁育及野外回归工作。

庙台槭

Acer miaotaiense Tsoong
留坝槭、羊角槭
无患子科 Sapindaceae 槭属 *Acer*

【特征】高大的落叶乔木。树皮深灰色。叶纸质，阔卵形，基部心脏形，常 3~5 裂。圆锥状聚伞花序，由两性花、雄花和无性花组成；花淡绿色，花被两轮，萼片 5，花瓣 5，雄蕊 8，着生于花盘上；雌蕊 2 心皮，扁平，子房 2 室，花柱 2 裂，柱头反卷。小坚果扁平，密被淡褐色或黄色茸毛；翅长圆形；两翅水平开展，呈 180° 平角。花期 4 月，果期 6—9 月。

【秦岭分布】周至、眉县、太白、凤县、留坝、佛坪、宁陕等。

【中国分布】陕西、甘肃东南部。

【生境】生于海拔 1000~1600 米间的山地灌丛或杂木林中。

【保护级别】国家二级重点保护野生植物。易危。

【保护价值】我国极小种群野生植物，对研究该属植物的分布和演化等具有重要意义，且具有很高的观赏价值。

【保护措施】加大宣传力度，严禁非法盗挖野生资源；加强就地保护，促进野生种群的自然生长与更新；积极开展保护生物学研究，保存优质种源，积极开展人工引种繁育及野外回归工作。

树干

叶

花序

果实

生境

秦岭槭

Acer tsinglingense W.P. Fang & C.F. Hsieh

槭树科 Sapindaceae 槭属 *Acer*

叶

【特征】落叶乔木。树皮灰褐色，小枝细瘦，近于圆柱形或略呈棱角状；当年生枝淡紫色，被灰色短柔毛；多年生枝紫褐色。冬芽圆锥形；鳞片卵形，褐色，外侧被短柔毛。叶纸质，3 裂，基部圆形稀近于心脏形，中裂片长圆卵形，边缘波状稀有圆齿；侧生的裂片三角状卵形，边缘浅波状或近于全缘；上面深绿色，下面淡绿色。总状花序；花单性，雌雄异株，淡绿色；萼片长圆卵形；花瓣长圆形；雄蕊 8，花药黄色；花盘位于雄蕊外侧。小坚果黄色，翅镰刀形。花期 4 月，果期 8—9 月。

【秦岭分布】宝鸡，长安、鄠邑、眉县等。

【中国分布】甘肃东南部、河南西南部以及陕西。

【生境】生于海拔 1400~1700 米间的山地杂木林中。

【保护级别】易危。

【保护价值】高大乔木，为中高海拔区域的建群种，对秦岭地区生物多样性保护有着重要的生态价值。

【保护措施】加强就地保护，促进野生种群的自然生长与更新。

果枝

雄花序

果实

生境

秃叶黄檗

Phellodendron chinense C.K. Schneid. var. *glabriusculum* C.K. Schneid

辛氏黄檗、镰刀叶黄皮树、云南黄皮树、峨眉黄皮树

芸香科 Rutaceae 黄檗属 *Phellodendron*

【特征】落叶乔木。成年树的树皮较厚，纵裂，且有发达的木栓层，内皮黄色，味苦，木材淡黄色。叶对生，奇数羽状复叶，叶缘常有锯齿，叶轴、叶柄及小叶柄无毛或被疏毛，小叶叶面仅中脉有短毛，有时嫩叶叶面有疏短毛，叶背沿中脉两侧被疏少柔毛。花单性，雌雄异株，圆锥状聚伞花序，顶生。萼片、花瓣、雄蕊及心皮均为5数。核果多数密集成团，蓝黑色。花期5—6月，果期9—11月。

【秦岭分布】华阴、佛坪、洋县、勉县等。

【中国分布】陕西、甘肃、湖北、湖南、江苏、浙江、台湾、广东、广西、贵州、四川、云南。

【生境】生于海拔480~1800米间的山地疏林中。

【保护级别】国家二级重点保护野生植物。

【保护价值】树皮供药用，具有清热燥湿、泻火除蒸、解毒疗疮的功效；种子可榨油。

【保护措施】加大宣传力度，严禁非法盗挖野生资源；加强就地保护，促进野生种群的自然生长与更新；积极开展保护生物学研究，保存优质种源，积极开展人工引种繁育及野外回归工作。

叶腹面

果实

叶背面

果枝

植林

朵花椒

Zanthoxylum molle Rehder
刺风树、朵椒、鼓钉皮
芸香科 Rutaceae 花椒属 *Zanthoxylum*

【特征】落叶乔木。树皮褐黑色，嫩枝暗紫红色，茎干有鼓钉状锐刺，嫩枝的髓部大且中空，叶轴常被短毛。叶有小叶 13~19；小叶对生，几无柄，厚纸质，阔卵形或椭圆形，稀近圆形，叶背密被白灰色或黄灰色毡状茸毛，油点不显或稀少。花序顶生；总花梗常有锐刺；花梗淡紫红色，密被短毛；萼片及花瓣均为 5；花瓣白色；雄花的退化雌蕊约与花瓣等长；雌花退化，雄蕊极短；心皮 3。果柄及分果瓣淡紫红色，干后淡黄灰至灰棕色。花期 6—8 月，果期 10—11 月。

【秦岭分布】太白、洋县等。

【中国分布】安徽、陕西、浙江、江西、湖南、贵州。

【生境】生于海拔 800 米左右的山地疏林中。

【保护级别】陕西省重点保护野生植物。易危。

【保护价值】木质坚硬且纹理美观，适于做农具、包装箱等；种子、叶及根均作药用；绿叶红果，观赏价值高。

【保护措施】加强就地保护，促进野生种群的自然生长与更新。

树干

枝

叶

生境

秦岭米面翁

叶

花枝

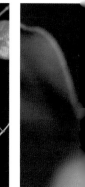

生境

花

果实

果枝

【特征】小灌木。小枝灰白色，有白色皮孔，幼嫩时黄绿色，被短刺毛，有细纵沟。叶绿色，常带红色，通常呈长椭圆形或倒卵状长圆形，边缘有微锯齿，两面被短刺毛。花单性，雌雄异株；雄花：集成顶生聚伞花序或伞形花序；花被裂片4，浅绿色，卵状披针形；雄蕊4，短于花被裂片，花药淡黄色；雌花：单朵，顶生；花被裂片4，早落。核果椭圆状球形，常被短柔毛，无纵棱；果柄很短。花期4—5月，果期6—7月。

【秦岭分布】秦岭南北坡。

【中国分布】甘肃、陕西、河南。

【生境】生于海拔700~2200米间的山地灌丛下。

【保护级别】陕西省重点保护野生植物。

【保护价值】果实富含淀粉，可供酿酒或食用，也可榨油；嫩叶可作蔬菜。

【保护措施】加大宣传力度，严禁非法盗挖野生资源；加强就地保护，促进野生种群的自然生长与更新。

青皮木

Schoepfia jasminodora Siebold & Zucc.

青皮木科 Schoepfiaceae 青皮木属 *Schoepfia*

【特征】落叶小乔木或灌木。树皮灰褐色；具短枝，嫩时红色，老枝灰褐色，小枝干后栗褐色。叶纸质，卵形或长卵形，叶上面绿色，背面淡绿色，干后上面黑色，背面淡黄褐色；叶柄红色。花无梗，螺旋状聚伞花序，总花梗红色；花萼筒杯状；花冠钟形或宽钟形，白色或浅黄色，雄蕊着生在花冠管上；子房半埋在花盘中；柱头通常伸出花冠管外。果椭圆状或长圆形。花叶同放。花期 3—5 月，果期 4—6 月。

【秦岭分布】宁陕、石泉、佛坪、洋县等。

【中国分布】秦岭以南的甘肃南部、陕西南部、河南南部、四川、云南、贵州、湖北、湖南、广西、广东、江苏、安徽、江西、浙江、福建、台湾等省区。

【生境】生于海拔 1000 米左右的山地杂木林中。

【保护级别】陕西省重点保护野生植物。

【保护价值】果实具有较好的药用前景；树形漂亮、叶片优美、果实殷红，是重要的观赏树种，可用于城乡绿化。

【保护措施】加大宣传力度，严禁非法盗挖野生资源；加强就地保护，促进野生种群的自然生长与更新；积极开展保护生物学研究，保存优质种源，积极开展人工引种繁育及野外回归工作。

枝

叶

花序

果实

生境

金荞麦

Fagopyrum dibotrys (D.Don) H.Hara

野荞麦、苦荞头、透骨消、赤地利

蓼科 Polygonaceae 荞麦属 *Fagopyrum*

【特征】多年生草本。根状茎木质化，黑褐色。茎直立，分枝，具纵棱。叶三角形，顶端渐尖，基部近戟形，边缘全缘，两面具乳头状突起或被柔毛；托叶鞘筒状，膜质，褐色，偏斜，顶端截形。花序伞房状，顶生或腋生；苞片卵状披针形，每苞内具 2~4 花；花梗中部具关节，与苞片近等长；花被白色，花被片长椭圆形，雄蕊 8，比花被短，花柱 3，柱头头状。瘦果宽卵形，具 3 锐棱，黑褐色。花期 7—9 月，果期 8—10 月。

【秦岭分布】秦岭南坡。

【中国分布】陕西，华东、华中、华南及西南各地。

生境

【生境】生于海拔 400~1000 米间的荒坡或沟岸。

【保护级别】国家二级重点保护野生植物。

【保护价值】块根供药用，有清热解毒、排脓去瘀的功效；籽粒营养丰富，可制成各种营养保健食品或饮品；植株中粗蛋白等成分营养价值较高，还可用作牧草。

【保护措施】加大宣传力度，严禁非法盗挖野生资源；加强就地保护，促进野生种群的自然生长与更新；保存优质种源，积极开展人工引种繁育及栽培技术。

枝　花　叶　植株

赤壁木

Deeumaria sinensis Oliv.

绣球花科 Hydrangeaceae 赤壁木属 *Decumaria*

【特征】攀缘灌木。小枝圆柱形，灰棕色，嫩枝疏被长柔毛，节稍肿胀。叶薄革质，倒卵形、椭圆形或倒披针状椭圆形，边全缘或上部有时具疏离锯齿或波状。伞房状圆锥花序；花序梗疏被长柔毛；花白色，花梗疏被长柔毛；萼筒陀螺形；花瓣长圆状椭圆形；雄蕊 20~30，花丝纤细，花药卵形或近球形；花柱粗短，柱头扁盘状。蒴果钟状或陀螺状。种子有白翅。花期 3—5 月，果期 8—10 月。

【秦岭分布】太白山，商南、山阳、宁陕、旬阳、洋县、勉县、略阳、宁强等。

【中国分布】陕西、甘肃、湖北、四川、贵州。

【生境】生于海拔 450~1500 米间的山地林下岩石上。

【保护级别】陕西省重点保护野生植物。

【保护价值】具有一定的药用价值。叶可消肿、止血；全草可祛风湿、强筋骨。

【保护措施】加强就地保护，促进野生种群的自然生长与更新。

树干

植株

叶　花　果实

生境

钻地风 *Schizophragma integrifolium* Oliv.

绣球科 Hydrangeaceae 钻地风属 *Schizophragma*

【特征】木质藤本或藤状灌木。小枝褐色，具细条纹。叶对生，具长柄，纸质，椭圆形或长椭圆形或阔卵形，脉腋间常具髯毛。伞房状聚伞花序密被短柔毛；花二型，不育花萼片单生或偶有 2~3 聚生于花柄上，黄白色；孕性花萼筒陀螺状，萼齿三角形；花瓣长卵形；雄蕊 10，近等长，花药近圆形；子房近下位。蒴果钟状或陀螺状。种子褐色，连翅轮廓纺锤形或近纺锤形，两端的翅近相等。花期 6—7 月，果期 10—11 月。

【秦岭分布】山阳、佛坪。

枝

【中国分布】四川、陕西、云南、贵州、广西、广东、海南、湖南、湖北、江西、福建、江苏、浙江、安徽等省区。

【生境】生于海拔 500~1400 米间的山地林中。

【保护级别】陕西省重点保护野生植物。

【保护价值】根及茎藤入药，具有舒筋活络、祛风活血之功效。

【保护措施】加强就地保护，促进野生种群的自然生长与更新。

植株

叶

生境

瓶兰花

Diospyros armata Hemsl.

柿科 Ebenaceae 柿属 *Diospyros*

【特征】半常绿或落叶乔木。树冠近球形，嫩枝有茸毛，枝端有时成棘刺；冬芽有毛。叶薄革质或革质，椭圆形或倒卵形至长圆形，叶片有微小的透明斑点。花单性，雌雄异株；雄花集成小伞房花序；花乳白色，花冠瓮形，芳香，有茸毛；雌花常单生叶腋；萼通常 4 深裂。果近球形，黄色，有伏粗毛。花期 5 月，果期 10 月。

【秦岭分布】秦岭南坡。

【中国分布】湖北西部、四川东部、陕西南部。

【生境】生于海拔 380~750 米间的山地灌丛中。

【保护级别】陕西省重点保护野生植物。

【保护价值】花形似瓶，香味如兰，所以被称作"瓶兰花"，具有较高的观赏价值。

【保护措施】加大宣传力度，严禁非法盗挖野生资源；加强就地保护，促进野生种群的自然生长与更新；积极开展保护生物学研究，保存优质种源，积极开展人工引种繁育及野外回归工作。

叶

果实

成熟果实

植栽

陕西羽叶报春

Primula filchnerae R.Knuth

报春花科 Primulaceae 报春花属 *Primula*

【特征】两年生草本。全株被多细胞柔毛。叶多枚簇生，叶片轮廓卵形至卵状矩圆形羽状全裂，边缘具粗锯齿或再作羽状分裂；叶柄约与叶片等长，基部宽扁。花葶 3~6 个自叶丛中抽出；苞片线状披针形；花萼钟状，裂片三角状披针形，先端锐尖；花冠紫色，冠筒稍长于花萼，裂片阔倒卵形，先端具深凹缺；雄蕊贴生于冠筒上，花药先端钝，花丝极短；子房上位，近球形。蒴果球形至筒状。花期 2—3 月，果期 4—5 月。

【秦岭分布】洋县、勉县、旬阳。

【中国分布】陕西南部。

【生境】生于海拔 731~908 米间的林下和林缘。

【保护级别】陕西省重点保护野生植物。

【保护价值】具有重要的观赏价值和科研价值。

【保护措施】加大宣传力度，严禁非法盗挖野生资源；加强就地保护，促进野生种群的自然生长与更新；积极开展保护生物学研究，保存优质种源，积极开展人工引种繁育及野外回归工作。

叶腹面

植株

生境

叶背面　　花萼　　　　　　　　　　　　　　　　花

种子

白辛树

Pterostyrax psilophyllus Diels ex Perkins
刚毛白辛树、裂叶白辛树、鄂西野茉莉
安息香科 Styracaceae 白辛树属 *Pterostyrax*

【特征】乔木。嫩枝被星状毛。叶硬纸质，长椭圆形、倒卵形或倒卵状长圆形，边缘具锯齿，嫩叶上面被黄色星状柔毛，以后无毛，下面密被灰色星状茸毛；叶柄密被星状柔毛。圆锥花序顶生或腋生，第二次分枝成穗状；花序梗、花梗和花萼均密被黄色星状茸毛；花白色；花萼钟状，萼齿披针形；花瓣长椭圆形或椭圆状匙形；雄蕊 10，近等长，伸出，花丝宽扁，花药长圆形，稍弯，子房密被灰白色粗毛。果近纺锤形，密被灰黄色疏展、丝质长硬毛。花期 4—5 月，果期 8—10 月。

【秦岭分布】镇安、宁陕、佛坪、洋县等。

【中国分布】陕西、湖南、湖北、四川、贵州、广西和云南。

【生境】生于海拔 710~1750 米间的山地杂木林中。

【保护级别】陕西省重点保护野生植物。近危。

【保护价值】树形雄伟挺拔、花香叶美，为庭园绿化之优良树种。该种具有萌芽性强和生长迅速的特点，可作为低湿地造林或护堤优良树种。

【保护措施】加大宣传力度，严禁非法盗挖野生资源；加强就地保护，促进野生种群的自然生长与更新；积极开展保护生物学研究，保存优质种源，积极开展人工引种繁育及野外回归工作。

成熟果实

叶

果枝

花序

果实

软枣猕猴桃

Actinidia arguta (Siebold & Zucc.) Planch. ex Miq.
软枣子、紫果猕猴桃、心叶猕猴桃
猕猴桃科 Actinidiaceae 猕猴桃属 *Actinidia*

【特征】大型落叶藤本。小枝基本无毛或幼嫩时星散地薄被柔软茸毛；髓片层状。叶膜质或纸质，卵形、长圆形、阔卵形至近圆形，边缘具繁密的锐锯齿，侧脉腋上有髯毛或连中脉和侧脉下段的两侧沿生少量卷曲柔毛。花序腋生或腋外生，1~7 花；雌雄异株；雄蕊多数，在雄花中的数目比雌性花的（不育雄蕊）数目多；花绿白色或黄绿色；萼片卵圆形至长圆形；花瓣楔状倒卵形或瓢状倒阔卵形；花丝丝状，花药黑色或暗紫色；子房瓶状。果圆球形至柱状长圆形，有喙或喙不显著，无毛，成熟时绿黄色或紫红色。花期 4 月，果期 8—10 月。

【秦岭分布】宝鸡，长安、鄠邑、眉县、洋县、商南等。

【中国分布】黑龙江、吉林、辽宁、山东、陕西、山西、河北、河南、安徽、浙江、云南等省。

【生境】生于海拔 500~2230 米间的山地灌丛或疏林中。

【保护级别】国家二级重点保护野生植物。近危。

【保护价值】具有丰富的营养和生物活性化合物，是猕猴桃育种的核心资源，为近年新兴经济林树种；果实为传统药食两用滋补佳品，因具有较高食疗价值及保健功效而深受大众喜爱；软枣猕猴桃已发展成为继中华猕猴桃和美味猕猴桃之后，种植面积第三大的猕猴桃属植物。

【保护措施】加大宣传力度，严禁非法盗挖野生资源；加强就地保护，促进野生种群的自然生长与更新；积极开展保护生物学研究，保存优质种源，积极开展良种的培育和栽培技术研究。

枝

叶和果实

花

果实

陕西猕猴桃

Actinidia arguta (Siebold & Zucc.) Planch. ex Miq. var. *giraldii* (Diels) Vorosch

广西猕猴桃、凸脉猕猴桃

猕猴桃科 Actinidiaceae 猕猴桃属 *Actinidia*

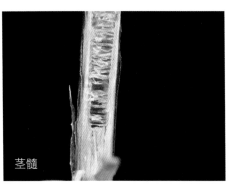

茎髓

叶腹面

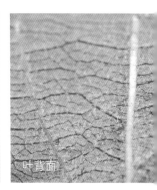

叶背面

生境

花

【特征】大型落叶藤本。叶纸质，阔椭圆形、阔卵形或近圆形，顶端急尖，基部圆形或微心形，两端常后仰，边缘锯齿不内弯，腹面无毛，背面普遍被卷曲柔毛，中心部分较多。花淡绿色，花药黑色。果卵珠形，顶端有较尖的喙，无毛，无斑点，萼片早落，果实成熟时紫红色。花期 4 月，果期 8—10 月。

【秦岭分布】鄠邑、眉县。

【中国分布】陕西、河北、河南、湖北等省。

【生境】生于海拔 1200~1450 米间的山地疏林中。

【保护级别】国家二级重点保护野生植物。近危。

【保护价值】具有丰富的营养和生物活性化合物，是猕猴桃育种的优质资源。

【保护措施】加大宣传力度，严禁非法盗挖野生资源；加强就地保护，促进野生种群的自然生长与更新；积极开展保护生物学研究，保存优质种源，积极开展良种的培育和栽培技术研究。

萼片

花正面

果实

中华猕猴桃

Actinidia chinensis Planch.
藤梨、羊桃藤、几维果、井冈山猕猴桃
猕猴桃科 Actinidiaceae 猕猴桃属 *Actinidia*

幼枝

叶和果实

植株

花

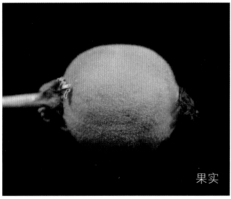

果实

成熟果实

【特征】大型落叶藤本。幼枝被茸毛或硬毛状刺毛，老时秃净或留有断损残毛；髓片层状。叶纸质，倒阔卵形或阔卵形至近圆形，边缘具脉出的直伸的睫状小齿，背面苍绿色，密被灰白色或淡褐色星状茸毛。花初放时白色，后变淡黄色；萼片两面密被压紧的黄褐色茸毛；花瓣 5 片，有短距；雄蕊极多，花药黄色；子房球形。果黄褐色，近球形、圆柱形、倒卵形或椭圆形，被茸毛、长硬毛或刺毛状长硬毛，成熟时秃净或不秃净，具小而多的淡褐色斑点；宿存萼片反折。花期 4 月，果期 8—10 月。

【秦岭分布】长安、周至、丹凤、山阳、石泉、旬阳、宁强等。

【中国分布】陕西、湖北、湖南、河南、安徽、江苏、浙江、江西、福建、广东北部和广西北部等省区。

【生境】生于海拔 700~1800 米间的山地灌丛或疏林中。

【保护级别】国家二级重点保护野生植物。

【保护价值】猕猴桃作为一种重要的经济果树，栽培驯化史仅 100 余年，其中中华猕猴桃被广泛种植，本种果实是本属中最大的一种，经济价值极高。

【保护措施】加大宣传力度，严禁非法盗挖野生资源；加强就地保护，促进野生种群的自然生长与更新；积极开展保护生物学研究，保存优质种源，积极开展良种的培育和栽培技术研究。

美味猕猴桃

Actinidia chinensis Planch. var. *deliciosa* (A. Chev.) A. Chev.
硬毛猕猴桃
猕猴桃科 Actinidiaceae 猕猴桃属 Actinidia

【特征】大型落叶藤本。髓白色至淡褐色，片层状。叶纸质叶倒阔卵形至倒卵形，顶端常具突尖，叶柄被黄褐色长硬毛。花枝多数较长，被黄褐色长硬毛，毛落后仍可见到硬毛残迹；花较大，直径 3.5 厘米左右；子房被刷毛状糙毛。果近球形、圆柱形或倒卵形，被刺毛状长硬毛。花期 4 月，果期 8—10 月。

【秦岭分布】秦岭南北坡。

【中国分布】甘肃、陕西、四川、贵州、云南、河南、湖北、湖南、广西北部等省区。

【生境】生于海拔 550~1700 米间的山地灌丛或疏林中。

【保护级别】国家二级重点保护野生植物。近危。

【保护价值】猕猴桃作为一种重要的经济果树，栽培驯化史仅 100 余年，其中本种果实大且营养丰富，经济价值高。

【保护措施】加大宣传力度，严禁非法盗挖野生资源；加强就地保护，促进野生种群的自然生长与更新；积极开展保护生物学研究，保存优质种源，积极开展良种的培育和栽培技术研究。

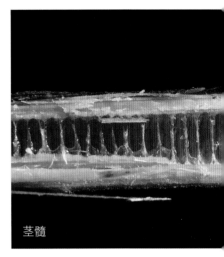

茎髓

叶

花

果实

果实纵切　　　　　　　　　　　　　　　　　　　　　　牛境

黑蕊猕猴桃

Actinidia melanandra Franch.

黑蕊羊桃、圆果猕猴桃、褪粉猕猴桃、垩叶猕猴桃

猕猴桃科 Actinidiaceae 猕猴桃属 *Actinidia*

【特征】中型落叶藤本。小枝洁净无毛，有皮孔，髓褐色或淡褐色，片层状。叶纸质，椭圆形、长方椭圆形或狭椭圆形，顶端急尖至短渐尖，基部圆形或阔楔形，等侧或稍不等侧，腹面绿色，背面灰白色、粉绿色至苍绿色，叶脉不显著。聚伞花序不均地薄被小茸毛；苞片小，钻形；花绿白色；萼片卵形至长方卵形，除边缘有流苏状缘毛外，他处均无毛；花瓣 5，匙状倒卵形；花药黑色，长方箭头状，花丝丝状；子房瓶状，洁净无毛。果瓶状卵珠形，无斑点，顶端有喙，基部萼片早落。种子小。花期 5—6 月，果期 9 月。

【秦岭分布】华阴、蓝田、鄠邑、周至、眉县、商南、丹凤、山阳、柞水、宁陕、佛坪、勉县、略阳等。

【中国分布】四川、贵州、甘肃、陕西、湖北、浙江、江西等省。

【生境】生于海拔 500~1850 米间的山地灌丛或疏林中。

【保护级别】易危。

【保护价值】果皮光滑，成熟时表皮和果肉均呈紫红色，具有丰富的营养和生物活性化合物，是猕猴桃育种的核心资源；果实为传统药食两用滋补佳品，具有较高的食疗价值及良好的保健功效；可作药用，其根可用于治疗风湿关节痛、肝炎、癌症等，有清热解毒、活血消肿的作用；果实可止渴解热，有帮助消化、治疗烧烫伤作用。

【保护措施】加大宣传力度，严禁非法盗挖野生资源；加强就地保护，促进野生种群的自然生长与更新；积极开展保护生物学研究，保存优质种源，积极开展良种的培育和栽培技术研究。

花枝

花

果枝

果实

果实

植株

干净杜鹃

Rhododendron detersile Franch.

杜鹃花科 Ericaceae 杜鹃花属 *Rhododendron*

叶腹面

叶背面

生境

花

【特征】常绿小灌木。幼枝密被红棕色茸毛；老枝暗灰色，芽鳞宿存。叶厚革质，叶片长圆形至倒披针形，先端钝圆，具短小尖头，基部近截形或微心形，边缘反卷，初被腺毛，后变无毛，侧脉下面密被一层棉毛状毛被，由红棕色的分枝毛组成，成叶多脱落；叶柄短，密被红棕色茸毛。顶生密集的伞形花序，总轴极短；花梗密被红棕色柔毛和腺毛；花萼膜质，5 深裂，裂片卵状披针形，外面密被柔毛和短柄腺体，边缘具腺头睫毛；花冠钟形，粉红色，内面向上具深红色斑点，基部被短柔毛，裂片 5，近圆形，顶端微缺；雄蕊 10，不等长，花丝向下扁平，基部密被白色短柔毛，花药椭圆形，淡黄褐色；子房圆锥形，密被红棕色长柔毛，混生短柄腺体，花柱长约 2 厘米，基部具短柄腺体，柱头盘状。蒴果圆柱形，被残存的柔毛和腺毛。花期 5—6 月，果期 8—10 月。

【秦岭分布】凤县，太白山。

【中国分布】四川、陕西。

【生境】生于海拔 2900 米左右的山坡林中。

【保护级别】易危。

【保护价值】世界著名的观赏植物。本物种是秦岭地区高山、亚高山灌丛生态系统的关键类群，该区域生态群落的代表类群；是整个自然生态系统非常重要的组成部分，具有极其重要的生态价值。

【保护措施】加大宣传力度，严禁非法盗挖野生资源；加强就地保护，促进野生种群的自然生长与更新。

花枝

陕西杜鹃

Rhododendron purdomii Rehder & E.H. Wilson
太白山杜鹃
杜鹃花科 Ericaceae 杜鹃属 *Rhododendron*

【特征】矮小平卧状灌木。分枝极多，当年生枝黄褐色，被盾状、锈色、后变黑色随树皮脱落的鳞片。叶聚生于枝端，革质，长圆形或宽椭圆形，顶端圆形，具角质突尖，边缘稍反卷，基部钝，上面暗绿色，被同色的鳞片，红玉色，下面灰黄棕色，鳞片盾状，二色，淡黄色和棕褐色的鳞片几相等混生；叶柄被鳞片。伞形花序顶生，具花 2~3，密聚；花萼裂片 5，等长，长圆形，外面中部密被鳞片，被长缘毛；花冠漏斗状，淡紫色，内面喉部被短毛；雄蕊 10，较花冠短，花丝紫色，基部以上达花冠喉部被白色长柔毛；子房长疏被鳞片，花柱较花冠长。蒴果卵圆形。花期 7—8 月，果期 8—9 月。

【秦岭分布】渭南，华阴、华县、长安、鄠邑、周至、眉县、太白、宁陕、丹凤等。

【中国分布】陕西、河南、甘肃。

植株

花

叶和花

【生境】生于海拔 1700~3500 米间的山地杂木林中。

【保护级别】易危。

【保护价值】世界著名的观赏植物。本物种是秦岭地区高山、亚高山灌丛生态系统的关键类群，该区域生态群落的代表类群；是整个自然生态系统非常重要的组成部分，具有极其重要的生态价值。

【保护措施】加大宣传力度，严禁非法盗挖野生资源；加强就地保护，促进野生种群的自然生长与更新。

生境

扁枝越橘

Vaccinium japonicum Miq. var. sinicum (Nakai) Rehder

杜鹃花科 Ericaceae 越橘属 Vaccinium

叶背面

花

植株

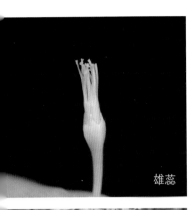

雄蕊

【特征】落叶灌木。茎直立，枝条扁平，有时有沟棱。叶散生枝上，幼叶有时带红色，叶片纸质，卵形、长卵形或卵状披针形。花单生叶腋，下垂；萼筒部无毛，萼裂片三角形；花冠白色，有时带淡红色，花开后向外反卷；雄蕊8，花丝扁平，或疏或密被疏柔毛；子房与萼筒合生，5室，柱头截平形。浆果绿色，成熟后转红色。花期6月，果期9—10月。

【秦岭分布】宁陕、旬阳、佛坪、洋县、宁强等。

【中国分布】陕西、安徽、浙江、江西、福建、湖北、湖南、广东、广西、四川、贵州、云南东北部。

【生境】生于海拔730~1800米间的山地灌丛或疏林中。

【保护级别】陕西省重点保护野生植物。

【保护价值】有一定的药用价值，具有疏风清热、降火解毒的功效。

【保护措施】加强就地保护，促进野生种群的自然生长与更新。

枝和花蕾

无须藤

Hosiea sinensis (Oliv.) Hemsl. & E. H. Wilson

茶茱萸科 Icacinaceae 无须藤属 *Hosiea*

枝

【特征】攀缘藤本。小枝灰褐色，圆柱形，具稀疏的圆形或长圆形皮孔及疏被黄褐色微柔毛；一年生枝淡绿色，被黄色微柔毛。叶纸质，卵形、三角状卵形或心状卵形，两面均被黄褐色短柔毛。聚伞花序；花两性；花萼小，淡棕色，外面密被黄褐色柔毛；花瓣 5，绿色，外面被柔毛，里面被微柔毛；雄蕊与花瓣互生，花药近球形；具肉质腺体 5，长圆形；子房卵形，花柱圆柱状，柱头 4 裂。核果扁椭圆形，成熟时红色或红棕色。种子 1。花期 4—5 月，果期 6—8 月。

【秦岭分布】凤县、勉县、略阳。

【中国分布】陕西、湖北、湖南、四川（峨眉山）。

【生境】生于海拔 1280~1460 米的山坡疏林中。

【保护级别】陕西省重点保护野生植物。

【保护价值】在我国分布范围较狭窄，对于秦岭地区生物多样性保护研究具有重要价值。

【保护措施】采取就地保护、迁地保护，保存种质资源等措施。

果实

叶腹面

叶背面

植株

香果树

Emmenopterys henryi Oliv.
茄子树、水冬瓜、大叶水桐子、丁木
茜草科 Rubiaceae 香果树属 *Emmenopterys*

【**特征**】落叶大乔木。树皮灰褐色，鳞片状。叶纸质或革质，阔椭圆形、阔卵形或卵状椭圆形，全缘，上面无毛或疏被糙伏毛，下面较苍白，被柔毛或仅沿脉上被柔毛，或无毛而脉腋内常有簇毛。圆锥状聚伞花序顶生，多花；萼管裂片5，近圆形，变态的叶状萼裂片白色、淡红色或淡黄色，匙状卵形或广椭圆形；花冠漏斗形，5裂，白色或黄色，被黄白色茸毛；雄蕊5，着生于冠喉之下，内藏，花丝被茸毛；子房2室，花柱柔弱，内藏。蒴果长圆状卵形或近纺锤形。种子多数，小而有阔翅。花期6—8月，果期8—11月。

【**秦岭分布**】长安、周至、太白、略阳、宁陕、宁强、勉县等。

【**中国分布**】陕西、甘肃、江苏、安徽、浙江、江西、福建、河南、湖北、湖南、广西、四川、贵州和云南东北部至中部。

【**生境**】生于海拔520~1300米间的山地杂木林中。

【**保护级别**】国家二级重点保护野生植物。近危。

【**保护价值**】中国特有单种属孑遗植物，对研究茜草科植物系统演化、发育及地理区系等具有重要科学价值。

【**保护措施**】加大宣传力度，严禁非法盗挖野生资源；加强就地保护，促进野生种群的自然生长与更新；积极开展保护生物学研究，保存优质种源，积极开展人工引种繁育及野外回归工作。

幼苗

花正面

幼果

花侧面

生境

假繁缕

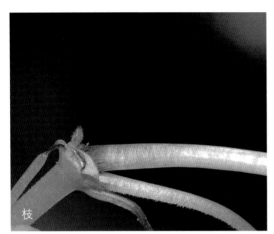

枝

枝

生境

雄花

【特征】直立多汁一年生草本。茎多少被有锈色短柔毛。下部叶对生，上部叶互生，卵形、卵状披针形或近椭圆形。花单性，雌雄同株，雄花生于上部，每2朵与叶对生；花萼绿色，萼筒开放后反卷；雄蕊花丝纤细，下垂；雌花1~3聚生于同一节上或不同节上，花被管偏斜，雌蕊极小，子房被毛，柱头舌状。核果卵形，两侧压扁。花期4—7月，果期6—8月。

【秦岭分布】周至、太白、宁陕、佛坪、洋县、凤县等。

【中国分布】湖北西部、四川东部与西部及陕西。

【生境】生于海拔1350~2000米间的山地林下阴湿处。

【保护级别】陕西省重点保护野生植物。

【保护价值】对研究植物的系统演化有一定的科学价值。

【保护措施】加强就地保护，促进野生种群的自然生长与更新。

植株

蓬莱葛

Gardneria multiflora Makino

马钱科 Loganiaceae 蓬莱葛属 *Gardneria*

【特征】木质藤本。枝条圆柱形，有明显的叶痕；除花萼裂片边缘有睫毛外，全株均无毛。叶片纸质至薄革质，椭圆形、长椭圆形或卵形，少数披针形，叶腋内有钻状腺体。二至三歧聚伞花序；花序梗基部有 2 三角形苞片；花梗基部具小苞片；花 5 数；花萼裂片半圆形；花冠辐状，黄色或黄白色，花冠管短，雄蕊着生于花冠管内壁近基部，花丝短，花药彼此分离；子房卵形或近圆球形，花柱圆柱状，柱头椭圆状。浆果圆球状，果成熟时红色。种子黑色。花期 3—7 月，果期 7—11 月。

【秦岭分布】商南、略阳等。

叶背面

花蕾

【**中国分布**】秦岭淮河以南，南岭以北。

【**生境**】生于海拔 580～1400 米间的山谷灌丛或林下。

【**保护级别**】陕西省重点保护野生植物。

【**保护价值**】根、藤茎可供药用，有祛风活血之效，主治风湿麻痹、创伤出血、关节、坐骨神经痛等。

【**保护措施**】加大宣传力度，严禁非法盗挖野生资源；加强就地保护，促进野生种群的自然生长与更新。

花枝

花

秦岭藤

Biondia chinensis Schltr.

夹竹桃科 Apocynaceae 秦岭藤属 *Biondia*

【特征】多年生草质藤本。茎缠绕；枝条被二列柔毛，纤细。叶薄纸质，披针形至线状披针形；叶柄被柔毛，顶端上面具丛生腺体。聚伞花序伞形状，腋外生；花序梗和花梗被柔毛；花萼裂片卵状椭圆形，花萼内面基部有 5 腺体；花冠钟状；副花冠着生于合蕊冠基部，极短，顶端 5 浅裂；花药顶端具宽三角状薄膜片；花粉块长圆形，下垂；子房由 2 离生心皮所组成；柱头盘状五角形。蓇葖果单生，狭披针形。花期 5 月，果期 10 月。

【秦岭分布】鄠邑、周至、眉县、太白、凤县、佛坪、留坝、洋县、略阳、柞水等。

【中国分布】陕西秦岭。

【生境】生于海拔 1600 米山地林下或路旁。

【保护级别】陕西省重点保护野生植物。近危。

【保护价值】含有多种三萜类化合物和特有的秦岭藤甙等次生代谢产物，具有显著的抗菌消炎、镇痛等生物活性。

【保护措施】加大宣传力度，严禁非法盗挖野生资源；加强就地保护，促进野生种群的自然生长与更新。

花正面

植株

花侧面

果实

生境

宝兴吊灯花

Ceropegia paohsingensis Tsiang & P.T.Li

夹竹桃科 Apocynaceae 吊灯花属 *Ceropegia*

【特征】多年生草本。茎缠绕。叶近肉质或膜质，卵形或卵状长圆形。聚伞花序腋生；花序梗纤弱；花冠近漏斗状，白绿色及白紫红色斑点，花冠筒基部偏肿；副花冠着生于合蕊冠的基部，钟状；雄蕊顶端的膜片不发育；花粉块每室1个，偏肿，花粉块柄上升，着粉腺中部以上膨大。蓇葖圆筒状，平滑。种子顶端具种毛。花期4—8月。

【秦岭分布】勉县、宁强。

【中国分布】陕西南部，四川奉节、宝兴等。

【生境】生于海拔 500~900 米间的山坡灌丛下或山谷岩石上。

【保护级别】陕西省重点保护野生植物。易危。

【保护价值】花色艳丽，性状奇特，具有很高的观赏价值。

【保护措施】加大宣传力度，加强就地保护；促进野生种群的自然生长与更新；积极开展保护生物学研究，保存优质种源，积极开展人工繁育和栽培技术研究。

植株

叶

花

果实

单花红丝线

Lycianthes lysimachioides (Wall.) Bitter

茄科 Solanaceae 红丝线属 *Lycianthes*

叶

花侧面

生境

果实

花

植株

【特征】多年生草本。茎纤细，基部常匍匐，具柔毛。叶假双生，大小不相等或近相等，卵形，椭圆形至卵状披针形，先端渐尖，基部楔形下延到叶柄而形成窄翅。花序无柄，仅1花着生于叶腋内，花萼杯状钟形；花冠白色至浅黄色，星形，深5裂，并被稀疏而微小的缘毛；花冠筒隐于萼内；雄蕊5，着生于花冠筒喉部，花药长椭圆形，基部心形；子房近球形。浆果红色，球状。花期6—8月，果期9—10月。

【秦岭分布】宝鸡，镇安、略阳、柞水、商南、佛坪等。

【中国分布】陕西、湖北、四川、贵州、云南、广西、台湾等省区。

【生境】生于海拔710~1100米间的山地草丛或灌丛下。

【保护级别】陕西省重点保护野生植物。

【保护价值】全株可入药。

【保护措施】加强就地保护，促进野生种群的自然生长与更新。

漏斗泡囊草

Physochlaina infundibularis Kuang
二月旺、秦参、华山参、漏斗脬囊草
茄科 Solanaceae 脬囊草属 *Physochlaina*

枝

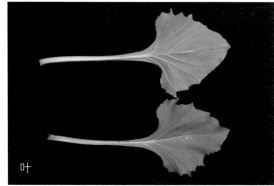

叶

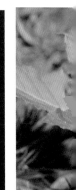

生境

植株

【特征】多年生草本。除叶片外全体被腺质短柔毛；根状茎短而粗壮。茎分枝或稀不分枝，枝条细瘦。叶互生，草质，三角形或卵状三角形，边缘有数个三角形大牙齿。花生于顶生或腋生伞形式聚伞花序上；花萼漏斗状钟形，花后增大成漏斗状；花冠漏斗状钟形，除筒部略带浅紫色外，其他部分绿黄色；雄蕊稍不等长，伸至花冠喉部；花柱同花冠近等长。蒴果。种子肾形。花期3—4月，果期4—6月。

【秦岭分布】华阴，华州、长安等。

【中国分布】陕西秦岭中部到东部、河南西部和南部、山西南部。

【生境】生于海拔1000~1300米间的山地林下。

【保护级别】陕西省重点保护野生植物。易危。

【保护价值】本种是中药材华山参的基原植物，也是中成药华山参片、华山参滴丸的主要原料；华山参以干燥的根部入药，具有温肺祛痰、平喘止咳、安神镇惊之功效。

【保护措施】加大宣传力度，严禁非法盗挖野生资源；加强就地保护，促进野生种群的自然生长与更新；积极开展保护生物学研究，保存优质种源，积极开展良种的培育和栽培技术研究。

花枝

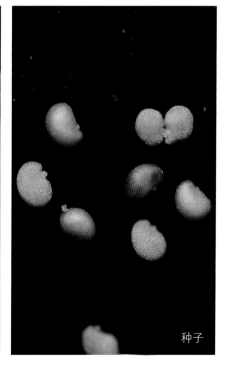

种子

狭叶梣

Fraxinus baroniana Diels
披针叶白蜡
木樨科 Oleaceae 梣属 *Fraxinus*

【**特征**】落叶小乔木。树皮灰白色，浅裂。小枝直立，平滑，节稍膨大，皮孔甚稀少而不明显。羽状复叶，叶柄基部稍膨大，贴茎生；叶轴通直，上面具阔沟，沟棱锐利，有时呈窄翅状，小叶着生处具关节；小叶革质，狭披针形，两端长渐尖，叶缘略反卷，具整齐疏锯齿，有光泽。圆锥花序顶生或腋生，疏松；花序梗扁平；苞片钻形，早落；花梗细；花雌雄异株；花萼钟状，萼齿三角形，膜质；无花冠；雄花具雄蕊 2，花药长圆形，花丝甚短；雌花具长花柱，柱头舌状 2 裂。翅果线状匙形，坚果与翅几乎等长；花萼宿存。花期 4 月，果期 5—7 月。

【**秦岭分布**】宁陕、石泉、太白、佛坪、城固、略阳、宁强等。

【**中国分布**】陕西、甘肃、四川。

【**生境**】生于海拔 500~1300 米的山坡灌丛、溪沟旁、河岸边及崖壁上。

【**保护级别**】濒危。

【**保护价值**】本属是重要的材用树种和造林树种。

【**保护措施**】加强就地保护，促进野生种群的自然生长与更新；保存优质种源，积极开展良种的培育和栽培技术研究。

叶腹面

叶背面

果枝

果实

水曲柳

Fraxinus mandshurica Rupr.

木樨科 Oleaceae 梣属 *Fraxinus*

【特征】落叶大乔木。树皮厚，灰褐色，纵裂。小枝粗壮，黄褐色至灰褐色，四棱形，光滑无毛。羽状复叶；叶柄近基部膨大；叶轴上面具平坦的阔沟，沟棱有时呈窄翅状，小叶着生处具关节；小叶纸质，近无柄。圆锥花序；花序梗与分枝具窄翅状锐棱；雄花与两性花异株，均无花冠也无花萼；雄花序紧密，雄蕊 2，花药椭圆形，花丝甚短，开花时迅速伸长；两性花序稍松散，子房扁而宽，花柱短，柱头 2 裂。翅果大而扁，明显扭曲。花期 4 月，果期 8—9 月。

【秦岭分布】宝鸡，华县、鄠邑、周至、眉县、凤县、太白、佛坪、宁陕、勉县、留坝等。

【中国分布】东北、华北，陕西、甘肃、湖北等省。

【生境】生于海拔 1260~2100 米间的山地杂木林中。

【保护级别】国家二级重点保护野生植物。CITES：III。

【保护价值】本种材质优良，心材黄褐色，边材淡黄色，纹理美丽，是名贵阔叶用材树种；供制胶合板表层、高级家具、工具等，也为产区的重要营林树种。

【保护措施】加大宣传力度，严禁非法盗挖野生资源；加强就地保护，促进野生种群的自然生长与更新；积极开展保护生物学研究，保存优质种源，积极开展人工引种繁育及野外回归工作。

生境

树干

果实

枝

叶

果序

植株

秦岭石蝴蝶

Petrocosmea qinlingensis W. T. Wang

苦苣苔科 Gesneriaceae 石蝴蝶属 *Petrocosmea*

【特征】多年生草本。叶具长或短柄；叶片草质，宽卵形、菱状卵形或近圆形，边缘浅波状或有不明显圆齿，两面疏被贴伏短柔毛。花序梗中部之上有 2 苞片，顶端生 1 花；苞片被疏柔毛；花萼裂片狭三角形，外面疏被短柔毛；花冠淡紫色，下唇与上唇近等长，3 深裂，所有裂片近长圆形；能育雄蕊 2，花丝着生于近花冠基部处；退化雄蕊 2；雌蕊子房与花柱被开展的白色柔毛，柱头小，球形。蒴果长椭圆球形，室背开裂为 2 瓣。花期 8—9 月。

【秦岭分布】勉县、略阳。

【中国分布】陕西。

【生境】生于海拔 650 米左右的山地岩石上。

【保护级别】国家二级重点保护野生植物。极危。

【保护价值】本属的原始类群，也是石蝴蝶属分布最北缘的种类，对研究石蝴蝶属的起源演化、迁移路线、分布规律和秦岭植物区系的属性及历史渊源等具有重要的价值；同时，具有很高的观赏价值，是一种很有开发价值的野生花卉资源。

【保护措施】加大宣传力度，严禁非法盗挖野生资源；加强就地保护，促进野生种群的自然生长与更新；积极开展保护生物学研究，保存优质种源，积极开展人工引种繁育及野外回归工作。

叶

植株

花正面

花侧面

萼片和幼果

生境

长柱玄参

Scrophularia stylosa Tsoong

玄参科 Scrophulariaceae 玄参属 *Scrophularia*

枝

叶

生境

萼片和花冠

【特征】多年生草本。茎不分枝或上部具短分枝，中空，生有在下部较疏而在上部较密的腺毛。叶全部对生；柄有狭翅；叶片质地较薄，狭卵形至宽卵形。聚伞花序，腋生，生腺柔毛；花萼具短腺毛；花冠淡黄色，花冠筒稍肿大；发育雄蕊 4，略短于下唇，退化雄蕊小，倒心形；子房长约 3 毫米，具长约 8 毫米的花柱。蒴果尖卵形。花期 6 月，果期 7—9 月。

【秦岭分布】华阴、宝鸡，眉县、太白、佛坪等。

【中国分布】陕西。

【生境】生于海拔 1600~2800 米间的山地草丛或林下阴湿处。

【保护级别】国家二级重点保护野生植物。易危。

【保护价值】长柱玄参对于保护秦岭地区生物多样性，具有重要的科研和生态价值。

【保护措施】加强就地保护，促进野生种群的自然生长与更新。

花

植株

高山捕虫堇

Pinguicula alpina L.

狸藻科 Lentibulariaceae 捕虫堇属 *Pinguicula*

叶

花蕾

萼片

生境

花

【特征】多年生草本。根多数。叶基生呈莲座状；叶片长椭圆形，边缘全缘并内卷，顶端钝形或圆形，上面密生多数分泌黏液的腺毛。花单生；花萼二唇形，上唇3浅裂，下唇2浅裂；花冠白色，距淡黄色；上唇2裂达中部，裂片宽卵形至近圆形，下唇3深裂；距圆柱状，顶端圆形；花丝线形；药室顶端汇合；子房球形；花柱极短；柱头下唇圆形，边缘流苏状。蒴果卵球形至椭圆球形，无毛。花期5—7月，果期7—9月。

【秦岭分布】鄠邑、周至、眉县、凤县、太白、洋县等。

【中国分布】陕西、四川、贵州、云南西北部和西藏东南部。

【生境】生于海拔2200~3300米间的山地林下。

【保护级别】陕西省重点保护野生植物。

【保护价值】秦岭地区发现的唯一一种捕虫堇属捕虫植物，生长分布地域海拔较高，气候和土壤等自然环境条件较差，分布范围十分狭窄，野生种群数量极少。

【保护措施】在自然保护区等重点分布区划定物种保护小区，制定更严格的科学保护方案和措施，促进野生种群的自然生长与更新。

幼果

植株

齿鳞草

Lathraea japonica Miq.

列当科 Orobanchaceae 齿鳞草属 *Lathraea*

【特征】寄生肉质草本。茎直立；全株密被黄褐色的腺毛；茎常从基部分枝。叶白色，生于茎基部，菱形、宽卵形或半圆形，上部的叶渐变狭披针形。花序总状，狭圆柱形；苞片 1，着生于花梗基部，卵状披针形或披针形；花萼钟状，顶端不整齐 4 裂，裂片三角形；花冠紫色或蓝紫色，筒部白色，明显比花萼长，上唇盔状全缘或顶端微凹，下唇短于上唇，3 裂；雄蕊 4，花丝着生于距筒基部 6~7 毫米处，被柔毛，花药长卵形，密被白色长柔毛，基部具小尖头；子房近倒卵形，柱头 2 浅裂。蒴果倒卵形，顶端具短喙。种子 4。花期 3—5 月，果期 5—7 月。

生境

【秦岭分布】宁陕、略阳。

【中国分布】甘肃、陕西、广东、四川及贵州。

【生境】生于海拔 1300~2300 米间的山地林下阴湿处。

【保护级别】近危。

【保护价值】单种属植物，寄生肉质草本植物，有重要的研究价值。

【保护措施】加强就地保护，促进野生种群的自然生长与更新。

花

植株

植株

二色马先蒿

Pedicularis bicolor Diels

列当科 Orobanchaceae 马先蒿属 *Pedicularis*

【特征】低矮草本。丛生，有细毛。叶几乎全为基出叶，叶片椭圆形，微有波状浅裂，裂片圆钝或亚截头，有细圆齿或亚全缘。花腋生于丛茎上，有花梗；萼长圆筒形，前方开裂，齿2，叶状；花冠伸出的部分约与萼等长，有疏毛，盔紫色，直立部分长8毫米，向下弯曲之喙作S形，下唇黄色，侧裂较短而凹头的中裂很大；雄蕊4，二强。蒴果卵圆形。花期7月。

【秦岭分布】宁陕、长安、周至等。

【中国分布】陕西。

【生境】产于海拔2800米左右的高山草地。

【保护级别】陕西省重点保护野生植物。易危。

【保护价值】我国特有种，对于秦岭地区生物多样性保护具有重要的科研和生态价值。

【保护措施】加强就地保护，促进野生种群的自然生长与更新。

植株

花

花

生境

秦岭党参

Codonopsis tsinlingensis Pax & K.Hoffm.

桔梗科 Campanulaceae 党参属 *Codonopsis*

【特征】多年生草本，有乳汁。根胡萝卜形；数个茎来自一个茎基，直立或上升；主茎上的叶互生，分枝上的叶近对生；叶柄较短，密被粗毛；叶卵形或宽卵形，边缘具钝锯齿。花单生枝顶；萼筒贴生于子房达中部，半球形，10棱，背面具糙硬毛；花冠淡紫色，里面有紫色斑点，钟状。蒴果半球形。花果期7—10月。

【秦岭分布】宝鸡，周至、眉县、太白、略阳等。

【中国分布】陕西南部、甘肃南部及四川西北部。

【生境】生于海拔2580~3600米间的山地草丛或林下。

【保护级别】陕西省重点保护野生植物。易危。

【保护价值】民间部分地区将其代党参用，根具有补中益气、生津止渴、活血化瘀等功效。

【保护措施】加大宣传力度，严禁非法盗挖野生资源；加强就地保护，促进野生种群的自然生长与更新。

植株

萼片

花正面

花冠

生境

假橐吾

Ligulariopsis shichuana Y. L. Chen

菊科 Asteraceae 假橐吾属 *Ligulariopsis*

【特征】多年生草本。根状茎粗短，具多数纤维状须根。茎单生，被蛛丝状毛和短柔毛。基部叶在花期宿存，具长柄，纸质，叶片长圆状心形或宽卵状心形，上面绿色，下面淡绿色，被疏蛛丝状毛或后多少脱毛。头状花序多数，盘状；花序梗具 2~3 线形或钻形的小苞片。总苞片 4，线状披针形，被微毛。小花全部管状；花冠黄色，檐部窄钟状；裂片披针形；花药伸出花冠；花柱被乳头状短微毛。瘦果圆柱形。花期 7 月，果期 8—9 月。

【秦岭分布】宝鸡，太白、眉县、宁陕等。

叶

花序

植株

【中国分布】陕西和甘肃。

【生境】生于海拔 1500~2100 米间的山地林下或草丛。

【保护级别】陕西省重点保护野生植物。

【保护价值】具有一定的药用价值，有消炎止咳、润肺消渴的功效。

【保护措施】加强就地保护，促进野生种群的自然生长与更新。

生境

猬实
Kolkwitzia amabilis Graebn.
美人木、蝟实
忍冬科 Caprifoliaceae 猬实属 *Kolkwitzia*

叶

【特征】多分枝直立灌木。幼枝被短柔毛及糙毛，老枝光滑，茎皮剥落。叶椭圆形至卵状椭圆形，两面散生短毛，脉上和边缘密被直柔毛。伞房状聚伞花序；苞片披针形；萼筒外面密生长刚毛；花冠淡红色，基部甚狭，中部以上突然扩大，外有短柔毛，内面具黄色斑纹；花药宽椭圆形；花柱不伸出花冠筒外。果实密被黄色刺刚毛。花期5—6月，果熟期8—9月。

【秦岭分布】华阴、宝鸡，华州、临渭、丹凤、山阳等。

【中国分布】山西、陕西、甘肃、河南、湖北及安徽等省。

【生境】生于海拔660~1900米间的山地灌丛或林下。

【保护级别】陕西省重点保护野生植物。易危。

【保护价值】秦岭至大别山区的古老残遗成分，由于形态特殊，在忍冬科中处于孤立地位，对于研究植物区系、古地理和忍冬科系统发育有一定的科学价值；花序紧簇，花色艳丽，是一种具有较高观赏价值的花木。

【保护措施】加大宣传力度，严禁非法盗挖野生资源；加强就地保护，促进野生种群的自然生长与更新；积极开展保护生物学研究，保存优质种源，积极开展人工引种繁育及野外回归工作。

幼果

花正面

花侧面

花序

植株

东北土当归

Aralia continentalis Kitag.
香秸颗、长白楤木
五加科 Araliaceae 楤木属 *Aralia*

【特征】多年生草本。根状茎粗壮。叶为二回或三回羽状复叶；叶柄疏生灰色具柔毛；羽片有小叶 3~7，膜质小叶片，异形，侧生的小叶片长圆形、椭圆形或倒卵形，顶生的小叶片倒卵形或椭圆形，两面灰色的短柔毛。圆锥花序大，顶生或腋生；苞片卵形，膜质，具缘毛；伞形花序具花多数，花梗具短柔毛；花瓣 5，雄蕊 5，子房 5 具心皮；花柱 5，基部合生，顶部离生。果实紫黑色，有 5 棱，球状；花柱宿存。花期 7—8 月，果期 8—9 月。

【秦岭分布】佛坪、周至、鄠邑。

【中国分布】吉林、辽宁、河北、河南、安徽、陕西、四川、西藏。

【生境】生于海拔 800~3200 米的山坡草丛和林下。

【保护级别】易危。

【保护价值】本种嫩叶可食，根状茎汁液营养成分丰富，具有降糖、抗炎、抗氧化活性和镇静的作用。

【保护措施】加强迁地和就地保护，积极开展珍稀濒危植物的保护生物学研究；保存优质种源，积极开展良种的繁育和栽培技术研究。

叶和花序

植株

果序

果序

生境

疙瘩七

Panax bipinnatifidus Seem.

五加科 Araliaceae 人参属 *Panax*

生境

【特征】多年生草本。根状茎细长，匍匐，多为串珠状，稀为典型竹鞭状，也有竹鞭状及串珠状的混合型；根状茎叶偶有托叶残存。掌状复叶，轮生于茎端。小叶二回羽状深裂，稀一回羽状深裂，裂片边缘又有不整齐的小裂片和锯齿。伞形花序单一，顶生，花萼钟状，先端 5 裂，花瓣 5。核果浆果状，红色。花期 5—6 月，果期 8—9 月。

【秦岭分布】鄠邑、周至、眉县、柞水。

【中国分布】安徽、陕西、江西、湖北、四川、甘肃、云南、西藏、广西。

【生境】常见于海拔 1900~3200 米间的森林中。

【保护级别】国家二级重点保护野生植物。濒危。

【保护价值】太白七药"扣子七"的基原植物之一，具有滋阴补肺、活血止血等功效，可治疗跌打伤痛。

【保护措施】加大宣传力度，严禁非法盗挖野生资源；加强就地保护，促进野生种群的自然生长与更新。

花序

叶

珠子参

Panax japonicus var. major (Burkill) C.Y.Wu & Feng

缺花丝党参、直立鸡蛋参、心叶珠子参、珠儿参

五加科 Araliaceae 人参属 *Panax*

叶

花序

生境

幼果序

【特征】多年生草本。根状茎呈串珠状。掌状复叶3~5片轮生枝顶；小叶通常3，倒卵状椭圆形至椭圆形。伞形花序单一；萼筒倒圆锥状，裂片5，狭三角形或卵形；花瓣5，淡黄绿色；雄蕊5，花丝短；子房2室，花柱2，基部合生；花盘肉质。果实扁球形，上半部黑色，下半部红色。花期7—8月，果期8—9月。

【秦岭分布】周至、宁陕、眉县、柞水、佛坪等。

【中国分布】云南中北部、陕西、贵州、四川西南部。

【生境】生于海拔1200~3300米的山地灌丛中。

【保护级别】国家二级重点保护野生植物。濒危。

【保护价值】太白七药"扣子七"的基原植物之一，具有滋阴补肺、活血止血等功效，可治疗跌打伤痛。

【保护措施】加大宣传力度，严禁非法盗挖野生资源；加强就地保护，促进野生种群的自然生长与更新。

植株

成熟果实

太行阿魏

Ferula licentiana Hand.–Mazz.

伞形科 Apiaceae 阿魏属 *Ferula*

【特征】多年生草本。茎单一，下部枝互生，上部枝轮生。基生叶有柄；叶宽卵形，三至四回羽状全裂，裂片长卵形，羽状深裂，小裂片披针形，长 2~4 毫米；茎上部叶叶鞘抱茎。中央花序有短梗，侧生花序 1~2，长于中央花序，无总苞片或有 1~3，线形；伞辐 7~11，长 3~5 厘米；伞形花序有 7~11 花，小总苞片 4~5，线状披针形；萼齿三角形；花瓣黄色，倒卵状长圆形，小舌片内曲；花柱基扁圆锥形，花柱长。果长圆形或长圆状倒卵形，背腹扁，淡褐色，背棱线形，稍突起，侧棱宽翅状。花期 5—6 月，果期 6—7 月。

【秦岭分布】华阴、华州。

【中国分布】陕西、山西、河南。

【生境】生于海拔 400~700 米间的山沟草地。

【保护级别】陕西省重点保护野生植物。近危。

【保护价值】阿魏为伞形科阿魏属植物的总称。阿魏属植物具有较高的药用价值，现代药理学研究发现其成分具有抗癌、驱虫、抗癫痫、抗氧化、抗菌、降血压、抗凝血、镇痛以及安眠等作用。

【保护措施】加大宣传力度，严禁非法盗挖野生资源；加强就地保护，促进野生种群的自然生长与更新。

叶

花枝

枝

花序

生境

灰毛岩风

Libanotis spodotrichoma K.T. Fu

万年青、岩风、长虫七

伞形科 Apiaceae 岩风属 *Libanotis*

【特征】多年生草本，常呈小灌木状。全株被灰色短柔毛。根颈较长，木质化，上端存留多数枯萎叶鞘。茎直立，多分枝，有纵长细条纹。基生叶多数，有长柄，基部有宽阔叶鞘；叶片 1 回羽状复叶或近 2 回羽状全裂，灰绿色，两面有短柔毛。复伞形花序；无总苞；小花柄不等长；花瓣白色，宽卵形或近圆形，顶端小舌片内曲，背部有细长柔毛；萼齿狭三角形；花柱近直立。分生果狭长倒卵形或长圆形，密生灰色长柔毛；果棱稍突起。花期 8—9 月，果期 9—10 月。

【秦岭分布】鄠邑、周至、眉县、山阳、宁陕、旬阳、佛坪。

【中国分布】陕西。

生境

【生境】生于海拔 1100~1800 米间的山谷岩石上。

【保护级别】陕西省重点保护野生植物。近危。

【保护价值】太白七药"长春七"的基原植物之一，具有发表散寒、祛风活络、镇痛解毒等功效。

【保护措施】加大宣传力度，严禁非法盗挖野生资源；加强就地保护，促进野生种群的自然生长与更新。

植株

植株

［1］陕西省人民政府：陕西省分布的国家重点保护野生植物名录［EB/OL］.[2020-10-13]. http://www.shaanxi.gov.cn/zfxxgk/zcwjk/szfbm_14999/qtwj_15009/202209/t20220913_2252009. html.

［2］陕西省人民政府：陕西省重点保护野生植物名录［EB/OL］.[2022-06-22].http://www. shaanxi.gov.cn/zfxxgk/fdzdgknr/zcwj/nszfwj/szh/202208/W020220808717959287437.pdf.

［3］狄维忠，于兆英.陕西省第一批国家珍稀濒危保护植物学［M］.西安：西北大学出版社，1989.

［4］付志军.秦岭珍稀濒危植物资源的利用价值与保护［J］.山地研究.1998, 16(4): 325-329.

［5］姜在民，刘培亮.秦岭火地塘植物图鉴［M］.北京：高等教育出版社，2018.

［6］解焱.IUCN受威胁物种红色名录进展及应用［J］.生物多样性.2022, 30(10): 66-83.

［7］黎斌，刘广振.陕西野生兰科植物［M］.西安：陕西科学技术出版社，2023.

［8］李思锋，黎斌.秦岭植物志增补：种子植物［M］.北京：科学出版社，2013.

［9］林俊礼.陕西汉江水生植物［M］.西安：陕西人民教育出版社，2022.

［10］刘培亮，卢元，杜诚，等.陕西省维管植物名录(2021版)［J］.生物多样性.2022, 30(06): 48-52.

［11］刘文哲，康华钦，郑宏春，等.瘿椒树超长有性生殖周期的观察［J］.植物分类学报.2008, 46: 175-182.

［12］刘文哲.中国秦岭常见药用植物图鉴(上、下册)［M］.西安：世界图书出版公司，2015.

［13］刘文哲.中国秦岭经济植物图鉴(上、下册)［M］.西安：世界图书出版公司，2019.

［14］毛少利，李倩，李阳，等.珍稀濒危植物秦岭岩白菜的研究进展［J］.广西林业科学.2017, 46(04): 396-399.

［15］毛少利，李倩，李阳，等.秦岭岩白菜的传粉生物学特性与繁育系统［J］.西北植物学报.2015, 35(07): 1378-1384.

［16］毛少利，李阳，李倩，等.温度、光照对秦岭岩白菜种子萌发的影响［J］.分子植物育种.2016, 14(12): 3609-3614.

［17］毛少利，周亚福，李思锋等．珍稀濒危植物猬实的开花特性与传粉生物学研究［J］．广西植物．2014, 34(05): 582-588.

［18］毛少利，周亚福，李思锋．珍稀濒危植物马蹄香的生物学及化学成分研究进展［J］．时珍国医国药．2014, 25(07): 1701-1704.

［19］任毅，周灵国，李智军．陕西省重点保护野生植物［M］．西安：陕西科学技术出版社，2017.

［20］孙喜民，徐永胜．2022秦岭生态科学考察报告：专题报告七［M］．西安：陕西师范大学出版总社，2023.

［21］滕丽，王晓茹，赵桂仿，等．桃儿七营养器官解剖结构的地理差异［J］．西北植物学报．2009, 29(4): 768-774.

［22］王军，王玉玢，董伟，等．陕西石杉属植物2种新记录［J］．陕西林业科技．2023, 51(06): 67-68.

［23］吴振海，刘培亮，卢元，等．陕西植物志：第四卷［M］．北京：科学出版社，2022.

［24］张建强，党高弟，李智军，等．珍稀濒危植物陕西羽叶报春在陕西重新发现［J］．西北植物学报．2015, 35(9): 1913-1915.

［25］张秦伟．秦岭种子植物区系中的珍稀濒危植物［J］．植物资源与环境学报．2002, 11(3): 29-35.

［26］张晓光．段小龙．2020秦岭生态科学考察报告：专题报告六［M］．西安：陕西师范大学出版总社，2021.

［27］张晓光．徐永胜．2021秦岭生态科学考察报告：专题报告四［M］．西安：陕西师范大学出版总社，2022.

［28］中国科学院西北植物研究所．秦岭植物志：第一卷（第二册）［M］．北京：科学出版社，1974.

［29］中国科学院西北植物研究所．秦岭植物志：第一卷（第三册）［M］．北京：科学出版社，1981.

［30］中国科学院西北植物研究所．秦岭植物志：第一卷（第四册）［M］．北京：科学出版社，1983.

［31］中国科学院西北植物研究所．秦岭植物志：第一卷（第五册）［M］．北京：科学出版社，1985.

［32］中国科学院西北植物研究所.秦岭植物志:第一卷(第一册)［M］.北京:科学出版社,1976.

［33］中国科学院中国植物志编辑委员会.中国植物志:第1-80卷［M］.北京:科学出版社,1959-2004.

［34］中华人民共和国濒危物种科学委员会.濒危野生动植物种国际贸易公约 附录Ⅰ、附录Ⅱ和附录Ⅲ［EB/OL］.［2024-04-19］.http://www.cites.org.cn/zxgg/zxzn/202404/t20240419_774718.html.

［35］中华人民共和生态环境部、中国科学院.中国生物多样性红色名录:高等植物卷（2020）［EB/OL］.［2023-05-19］.https://www.mee.gov.cn/xxgk2018/xxgk/xxgk01/202305/W020230522536559098623.pdf.

［36］Xin GL, Jia GL, Ren XL, et al. Floral development in the androdioecious tree Tapiscia sinensis: Implications for the evolution to androdioecy［J］. Journal of systematics and evolution. 2021, 59(1): 183-197.

［37］Zhou XJ, Ma L, Liu WZ. Functional androdioecy in the rare endemic tree Tapiscia sinensis［J］. Botanical journal of the linnean society. 2016, 180(4): 504-514.

［38］Zhou XJ, Ren XL, Liu WZ. Genetic diversity of SSR markers in wild populations of Tapiscia sinensis, an endangered tree species［J］. Biochemical systematics and ecology. 2016, 69 : 1-5.

［39］Zhou XJ, Wang YY, Xu YN, et al. De novo characterization of flower bud transcriptomes and the development of EST-SSR markers for the endangered tree Tapiscia sinensis［J］. International journal of molecular sciences. 2015, 16(6): 12855-12870.